环保进行时丛书

青春校园的美好生活

QINGCHUN XIAOYUAN DE MEIHAO SHENGHUO

主编：张海君

U0352544

花山文艺出版社

河北·石家庄

图书在版编目（CIP）数据

青春校园的美好生活 / 张海君主编. —石家庄 ：
花山文艺出版社，2013.4（2022.3重印）
（环保进行时丛书）
ISBN 978-7-5511-0942-0

Ⅰ.①青… Ⅱ.①张… Ⅲ.①环境保护—青年读物②
环境保护—少年读物 Ⅳ.①X-49

中国版本图书馆CIP数据核字(2013)第081153号

丛 书 名：环保进行时丛书
书　　　名：青春校园的美好生活
主　　　编：张海君
责 任 编 辑：梁东方
封 面 设 计：慧敏书装
美 术 编 辑：胡彤亮
出 版 发 行：花山文艺出版社（邮政编码：050061）
　　　　　　（河北省石家庄市友谊北大街 330号）
销 售 热 线：0311-88643221
传　　　真：0311-88643234
印　　　刷：北京一鑫印务有限责任公司
经　　　销：新华书店
开　　　本：880×1230　1/16
印　　　张：10
字　　　数：160千字
版　　　次：2013年5月第1版
　　　　　　2022年3月第2次印刷
书　　　号：ISBN 978-7-5511-0942-0
定　　　价：38.00元

目　录

目

录

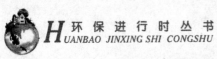
青春校园的美好生活

第三章　低碳校园与节能照明

第四章　校园室内环境与碳排放

目

录

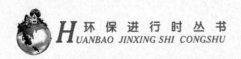

青春校园的美好生活

第七章　低碳校园与环境绿化

第一章

低碳校园，从我开始

一、关注校园碳足迹与碳排放

除了在家里，同学们的很多时光都是在学校度过的。我们在学校学习知识，更是在学习怎样做一个合格的社会人，学会对自己负责、对他人负责，更要对社会负责。我们在家庭中节约资源，不但是为了自己的小家，更是为了社会，为了国家；我们要把节约的行动延伸到校园，节约资源，着眼身边，立足校园；"勿以恶小而为之，勿以善小而不为"，从我做起，从小事做起，从身边做起，从现在做起。让我们一齐行动起来，建设节约型的美好校园！

我们在日常生活中，比如坐车外出、点火做饭、供热取暖等等，都会产生二氧化碳，就像我们走路会留下足迹一样，我们的日常生活和行为会对自然界产生影响。把每个人在不断增多的温室气体中留下的痕迹形象地称为"碳足迹"，碳足迹就是一个人或者团体的"碳耗用量"。碳，就是石油、煤炭、木材等由碳元素构成的自然资源。碳耗用得多，导致地球变暖的二氧化碳等温室气体也制造得多。

我们的日常消费中也会造成二氧化碳排放。例如，用电，是间接排碳，背后是消耗了煤炭；开车，背后是消耗了石油；吃肉，背后是动物消耗了大量的生产氧气的植物，而这些动物本身又排出大量二氧化碳……为了减少碳排放，我们有责任转变各种高碳行为，倡导低碳生活。

一个人的碳足迹可以分为第一碳足迹和第二碳足迹。

第一碳足迹是因使用化石能源而直接排放的二氧化碳，比如一个经常坐飞机出行的人会有较多的第一碳足迹，因为飞机飞行会消耗大量燃油，

排出大量二氧化碳。

第二碳足迹是因使用各种产品而间接排放的二氧化碳，比如消费一瓶普通的瓶装水，会因它在生产和运输过程中产生碳排放，从而带来第二碳足迹。

我们都有自己的碳足迹，它指每个人的温室气体排放量，以二氧化碳为标准计算。碳耗用得多，二氧化碳也制造得多，碳足迹就大，反之碳足迹就小。

碳计算相当复杂，根据不同的个人会有不同的变数，碳足迹的计算包括一切用于电力，经济建设以及乘汽车、飞机、铁路和其他公共交通工具的能源和我们所使用的所有消耗品。

事实上，温室气体并不仅仅包括二氧化碳，其他温室气体还包括甲烷、臭氧、氧化亚氮、六氟化硫、氢氟碳化合物、全氟和氯氟烃等。鉴于此，美国多数碳足迹计算包括所有适用的气体，因为这些都有助于我们认识和了解温室效应与地球变暖的关系。

我们可以根据需要计算个人的碳足迹，计算一个家庭的碳足迹，也可以单独计算一次旅行的碳足迹，还可以单独计算食品的碳足迹……

在我们的日常生活中，我们的高碳消费会增加多少碳排放？或者说，我们的低碳行动会减少多少碳排放呢？

少搭乘1次电梯，就减少0.218kg的碳排放。

少开冷气1小时，就减少0.621kg的碳排放。

少吹电扇1小时，就减少0.045kg的碳排放。

少看电视1小时，就减少0.096kg的碳排放。

少用灯泡1小时，就减少0.041kg的碳排放。

少开车1km，就减少0.22kg的碳排放。

少吃1次快餐，就减少0.48kg的碳排放。

青春校园的美好生活

少烧1kg纸，就减少1.46kg的碳排放。

少丢1kg垃圾，就减少2.06kg的碳排放。

少吃1kg牛肉，就减少13kg的碳排放。

省1度电，就减少0.638kg的碳排放。

省1吨水，就减少0.194kg的碳排放。

省1立方米天然气，就减少2.1kg的碳排放。

用传统的发条式闹钟替代电子钟，每天可减少48g的二氧化碳排放量。

把在电动跑步机上45分钟的锻炼改为到附近公园慢跑，可减少将近1kg的二氧化碳排放量。

不用洗衣机甩干衣服，而是让其自然晾干，可减少2.3kg的二氧化碳排放量。

将60瓦的灯泡换成节能灯，可减少二氧化碳排放量3/4。

改用节水型淋浴喷头，每次不仅可以节约10升水，还可以把3分钟热水淋浴所导致的二氧化碳排放量减少一半。

如果一天做到每一项，那么我们每天可以减少21.173kg的碳排放量。

如果全世界每一人每一天都能做到每一项，那么我们每天减少碳排放量约合11×10^8吨。

看了以上数据，你一定会对高碳消费有更强烈的节制心，对低碳行动有更强的行动欲望。你可以参考以上数据建立自己的低碳档案，至少时常翻翻以上数据，不要使自己过于沉溺于高碳消费享受中，这样就可以培养起自己对环境和对他人强烈的责任心。

二、校园节约小细节

在学校里生活久了，会对很多事情都熟视无睹，其实从节约的角度来看，有很多细节值得我们注意，值得我们去做。

做值日的时候，先洒点水，把地扫一遍，再擦桌子，然后拖地。在洗拖把的时候不要把拖把往水池子里一放，让水哗哗直流地涮拖把，最好用一个桶来装水，一桶一桶地涮拖把，把干净拖把的水拧干，这样容易把地拖干净还可以省水；不要利用做值日大量用水的时候玩水、打水仗。最后离开教室要记住关灯、关电扇或者空调。

看到走廊里的灯开着就要去关掉，看到卫生间的水龙头没关严要主动拧紧，如果发现水龙头漏水要尽快告诉管后勤的老师，及时修理。

可以把班里同学喝饮料的瓶子、易拉罐，用过的废作业本、废旧报纸收集起来，然后拿到废品收购站，换来的钱作为班费积攒起来。

倡议使用铅笔、钢笔，圆珠笔、签字笔可更换笔芯再利用，尽量少使用和不使用中性笔。中性笔因为书写流畅、使用便捷受到很多学生的青睐，但因其价格低廉，很多人用完一次就将笔杆与废笔芯一起扔掉，这就直接造成了大量的污染和浪费。

只要做个有心人，相信你一定还有别的节约之道。记住，节约无小事，节约我先行。

三、学会爱惜课本和节约用纸

课本是我们学习的重要工具，使用率比较高，也容易磨损。可是开学不久，就会有同学的课本已经卷边开线了，到了学期中间，有的人的课本已经破烂不堪甚至丢了，这给自己的学习造成麻烦不说，还是一种浪费。

新课本发下来最好自己包个书皮，在平时使用的过程中要爱惜，不要乱涂乱画，期末的时候再一本本整理好，这样复习的时候再拿出来用；等不用的时候，有机会的话可以作为循环使用的课本，或送给贫困地区的学生无偿使用。即使自己留着，若干年以后，当我们都成年的时候，拿出保护完好的课本，那也是一种温馨的回忆。有的同学新课本用了不到半学期，丢的丢，坏的坏，只好再买一本，其实这样的浪费对于我们形成良好的性格是非常不利的，要下决心改掉。

重复使用教科书是大势所趋。减少一本新教科书的使用，可以减少耗纸约0.2千克，节能0.26千克标准煤，相应减排二氧化碳0.66千克。如果全国每年有1/3的教科书得到循环使用，那么可减少耗纸约20万吨，节能26万吨标准煤，相应减排二氧化碳66万吨。

爱惜课本

当书本弄上油渍

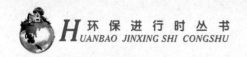
时，在油渍上放1张吸水纸，用熨斗轻轻地熨烫几遍，油垢即可被吸入纸内，使书页平整干净。

如果书本被墨水污染，可在染上墨水的书页下垫1张吸水纸，用20%的双氧水溶液浸湿污斑，然后在书页上再放1张吸水纸，上边压以重物，这样，墨水被过氧化氢溶解吸收，干后墨水迹也就自然消失了。

如果书本上有潮湿痕迹，可用明矾溶液涂洗。如果是铁锈斑迹，可用草酸或柠檬酸液擦去，然后用清水将书页洗一下，用吸墨纸压好书页，晒干即可。

我们在学校学习，接触最多的就是纸了，作业本、演算草纸，很多同学平时写作业时随意撕纸；空行、隔页，写错一个字就撕，撕本子叠飞机，做人工降"雪"，"喜新厌旧"——写两张就扔，校园里纸张浪费相当严重。我们要节约用纸，并且大力提倡重复利用废旧纸。据统计，回收1000千克废纸，可生产800千克的再生纸，节约木材4m²，相当于保护17棵大树。一个大城市如能将一年丢弃的近万吨的废纸全部回收利用，就相当于保护了数十万棵大树。这不仅节约了造纸的财力，更重要的是间接保护了森林资源，保护了地球上的生态环境。

写作业要认真，减少错误就可以减少纸的浪费，作业本最好用完再换新的，新学期旧本子还没有用完，也可以把没用过的纸页订起来作草稿纸，考试卷的背面也可以用来作草稿纸。

绘画可以先用普通纸打草稿，因为图画纸的生产比普通纸对环境的污染更厉害。减少不必要的用纸，如：擦玻璃应该尽量不用纸，可以用湿抹布和干抹布交替擦；尽量不要用餐巾纸等一次性纸制品；充分利用废旧纸张，旧挂历可以用来包书皮。

同时，废纸回收，用做造纸原料，也是节约纸。回收废纸，不仅可以保护森林，还能节约水和燃料，减轻造纸产生的污水、废气和固体废弃物对环境的污染。

用电子书刊代替印刷书刊。如果将全国出版的图书、期刊、报纸5%用电子书刊代替，每年可减少耗纸约26万吨，节能33.1万吨标准煤，相应减排二氧化碳85.2万吨。

一张A4或B5的打印纸虽不起眼，但由于使用量大，所以在使用的时候还是以节约为本。

一是缩小页边距和行间距，缩小字号。正式文件一般对字号、间距有严格的要求，但是在非正式文件里，可适当缩小页边距和行间距，缩小字号。可"上顶天，下连地，两边够齐"，对于字号，以看清为宜。

二是纸张双面打印、复印。纸张双面打印、复印既可以减少费用，又可以节能减排。如果全国10%的打印、复印做到这一点，那么每年可减少耗纸约5.1万吨，节能6.4万吨标准煤，相应减排二氧化碳16.4万吨。

三是打印时能不加粗、不用黑体的就尽量不用，能节省墨粉或铅粉。

此外，能够用电脑网络传递的文件就尽量在网络上传递，比如电子邮件、单位内部网络等，这样下来也可以节约不少纸张。

 四、低碳饮食，健康不发胖

当前许多学生都存在相对肥胖的问题，怎样吃既健康又不肥胖呢？

据哈佛大学医学院针对低碳水化合物健康食品进行的调查发现，市面上一些标榜低碳的健康食品，其总热量往往比一般食材要高上许多，而英国食物标准机构的研究亦指出，通常属低碳水化合物的食物，脂肪含量亦偏高，且为求让食物更加美味，多辅以各式加工，完全不利于健康。

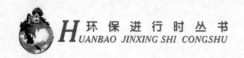
青春校园的美好生活

如何吃对碳水化合物而不发胖？

过多的碳水化合物摄入确实是造成肥胖的原因之一，若因此全面杜绝碳水化合物，却可能引发健康问题。该如何吃得聪明吃得巧？一般人听到碳水化合物时往往会直接联想到米饭、馒头等食材，若以碳水化合物形态来区分，可细分为单一碳水化合物与复合碳水化合物两大类型。一般来说，单一碳水化合物较容易被人体所吸收，它主要存在于蔗糖、果糖、蜜糖与奶制品之中，而较不容易被人体所吸收的复合碳水化合物，则为谷类、蔬菜与麦类等。所以若真想要降低体重，改善肥胖问题，建议可减少摄取单一碳水化合物，而尽量吃些谷类、蔬菜等高纤维复合碳水化合物，且搭配多做运动，增加新陈代谢并帮助燃烧过多的卡路里，才是有效长远的减肥之道。

学校食堂

如果日常饮食的营养跟不上，就会使免疫力降低，易招来疾病。要想保健康，必须要为免疫系统提供充足的营养。

造成营养不良的主要原因是营养意识不高，营养知识不够。营养问题是一个人文化素质的表现，那么怎样利用食品来保持自己的健康呢？我们不妨看看权威部门的饮食建议。

卫生部1998年通告全民的饮食八原则：第一是食物多样，谷类为主；第二是多吃蔬菜、水果；第三是常吃奶类、豆类制品；第四是经常吃适量的鱼、禽、蛋、瘦肉，少吃肥肉和荤菜；第五是掌握自己的饭量，保持适宜的体重；第六是吃清淡、少盐的东西；第七是饮酒要限量，不要过度饮酒；第八是吃清洁卫生、不变质的食品。

中国营养学会根据我国国民的实际情况拟建了一个居民膳食食物宝塔，该宝塔分五层：第一层即塔底，是谷类食物，轻体力劳动者每天500克；第二层是蔬菜和水果，一般正常人每天吃400～500克蔬菜、100～200克水果；第三层是鱼、肉、蛋等动物性食物，一般每天吃鱼200克、肉50～100克、蛋20～50克；第四层是奶，一般人每天喝250～500毫升；第五层是盐和糖，盐每天的食量不超过6克，糖每天吃的不要太多。

随着世界肥胖问题日益严重和人们健康意识不断增强，低碳食品将成为食品行业的下一个热点。

吃低碳食品的主要目的就在于降低碳水化合物的摄入以减轻体重，控制糖尿病，并提高血液中运载胆固醇粒子的比例。

居民膳食食物宝塔

什么是低碳食品？一般来说，低碳食品是指利用更少的简单碳水化合物来开发的食品。这其中的关键便是充分理解饮食中脂肪、蛋白质和碳水化合物的作用。

在此之前，食品开发商还需要理解关于低碳食品消费者的两个基本事实。首先，这些消费者趋向几乎从不摄入甜食。第二，在大多数低碳膳食中，总脂肪含量通常不再被关注。

越来越多的食品企业已经预料到低碳食品的发展前景，开始涉足低碳食品领域，虽然目前开发的此类产品还不是很多，但从长远来看，它的开发空间和发展机遇是任何有远见的食品企业不愿错过的。据相关报道，最大的美国零售巨头沃尔玛也正在积极推出低碳品牌食品。

人类免疫系统建设所需要的主要营养物质有：蛋白质、维生素和无

青春校园的美好生活

机盐。我们应该特别注意这些营养的补充。在膳食中要有充足的鱼、肉、蛋、奶和豆类食品，以保证身体获得足够的优质蛋白质。而蛋白质、多肽和氨基酸是合成免疫球蛋白的主要原料。粮食也是不可或缺的，因为我们需要这些碳水化合物为体内的化学合成提供能量和原料。维生素A是人体免疫系统建设的主力军，绿色蔬菜和橙黄色水果中的β-胡萝卜素可以在人体内转化为维生素A，与动物性食物中的维生素A共同满足免疫系统的需要。维生素C和维生素E的抗氧化作用功不可没。富含β-胡萝卜素和维生素C的蔬菜有小白菜、油菜等。

在传染病流行时期，我们不但要保持非特异性免疫力，而且要紧急提升特异性免疫力，这就要求我们适当增加新鲜蔬菜、水果的摄入量。同时，尽量食用含有某些抗病作用的食物，像大蒜、姜、绿茶、银耳、百合等。苹果能增加血液中白细胞的数量，猕猴桃富含大量的维生素C，梨、菠萝、西瓜、草莓、葡萄、香蕉等水果也都有益于我们的免疫系统。

《黄帝内经》强调说：五谷为养，五菜为充，五果为助。这就是指饮食要全面，什么都要吃，营养全面身体才好。

随着生活水平的提高，现代人不吃糙米、粗粮，只吃精米精面，这对于人的身体健康是无益的。因为在稻麦的麸皮中，含有多种对人体很重要的微量元素及植物膳食纤维，例如铬和锰，若经加工精制后，含量就会大量减少。

如果人体缺乏铬和锰这两种元素，就容易发生动脉硬化。植物纤维能加速食物的排泄，使血中胆固醇降低。食物太精细，膳食纤维必然很少，往往食后不容易产生饱腹感，很容易造成过量进食而发生肥胖。这样，血管硬化、发病率就会增高。

粗粮中含有大量的膳食纤维，膳食纤维本身对大肠产生机械性刺激，促进肠蠕动，使大便变软排泄通畅。这些作用对于预防肠癌和由于血脂过多而导致的心脑血管疾病都有好处。

很多研究认为，室内生物性污染危害主要可分为生物过敏源，细菌、病菌等病原；微生物及真菌毒素的污染危害三类，对人体危害较大、研究较多的是前两种。

室内传染性病原微生物的污染主要指各种细菌、病毒、衣原体、支原体等对室内空气的污染。这类疾病在人群中有一定的传染性。但污染的来源，即传染源在哪里？传染源一般包括病人、病原携带者和受感染的动物。传染病患者常常是最重要的传染源，因为病人体内存着在大量病原体，而且具有某些症状，如咳嗽、气喘、腹泻等，更有利于病原体向外扩散；同时室内环境空间有限，空气流通不畅，室内空调的不合理配置和使用，均可能使病原体的室内浓度增加，使人群在室内被感染的机会明显大于室外。如一度在我国肆虐的"非典"，主要传染源就是病人。因此对病人、可疑病人和密切接触者采取果断的隔离控制措施，对控制疫情发展非常重要。

一般造成人们在室内患上传染性疾病的因素（传染链）有三方面。一是有室内的传染源，已如前述。二是有传播途径，即病原体从传染源排出后，进入人体前所必须经过的各种外环境介入。实际上就是室内的微小气候，即室内气温、相对湿度、室内微气流（风）和热辐射。这些因素直接影响室内污染物（病原体）的浓度和人体的实际接触（摄入）水平。三是有

教室消毒

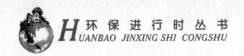
青
春
校
园
的
美
好
生
活

对该疾病的易感人群。

因此，控制传染病传播最为简单、有效的办法就是室内的通风换气。因为充分的室内通风换气可以迅速地稀释和降低污染物（病原体）的室内浓度，减少病原体飞沫在空气中的停留时间，这就有效地切断了疾病的传播途径，阻断了疾病传染链。另一种切断疾病传播途径的有效方法是室内空气的净化消毒。可以采用各种消毒措施和方法，如化学消毒剂、紫外线灭菌灯、臭氧消毒器等，使室内空气中的病原体（微生物）降低到不致病的水平。

五、手机辐射危害健康

现在同学们多数都有手机，手机在给人们带来方便的同时，也给人们的健康带来烦恼。

尽管手机的平均输出功率仅为0.2瓦，但由于贴近人的头部，电磁辐射有一半被使用者的头部吸收了。手机的工作频率范围是890～965兆赫，属于微波频段。每当电话拨通，手机与蜂台站之间就处于双向通话状态，不论持机者是听还是说，都处于电磁辐射发射状态。在手机的天线附近存在着较强的电磁辐射，使用手机时，射频电磁波包围着人体的头部，超量的电磁辐射会造成人体神经衰弱、食欲下降、心悸、胸闷、头晕、目眩，严重的甚至会诱发脑部肿瘤。

医学专家认为，手机所产生的电磁辐射，特别是对神经系统还未发育完善的青年人的影响比较严重。在一些率先使用手机的北美、西欧等地区，经常报道有手机常年用户患脑部恶性肿瘤的病例。意大利有位企业家使用手机三年之后，他的脑部发现恶性肿瘤，经CT扫描确认，肿瘤的病变部位正巧发生于手机天线顶端习惯放置位置的附近。一位美国商人在使用手机4年后，同样也发现脑部肿瘤。英国BBC广播公司在一次科学知识电视节目中报道说，手机还会使人罹患阿尔来莫氏症（一种过早性老年痴呆症）和加速脑癌的扩散。瑞典科学家约翰松认为，手机可能会造成脑组织灼伤及引起头痛。墨尔本劳工医院院长霍尔金发现了40起可能与手机有关的可疑病人，该学院的约翰荷特教授在研究后认为，有的癌症在手机使用者身上扩散的速度是常人的20倍。美国华盛顿大学两名教授莱艾和辛格表示，他们在老鼠身上做的实验表明，手机发出的电磁波有损害脑组织的作用。日本劳动部产业医学综合研究所实验证明，手机使用者末梢血管淋巴内抗癌的TNF-阿尔法蛋白平均减少75%。

在我国，使用手机而影响健康的事件也时有发生。多个手机使用者反映有电磁过敏症状，如头痛、头昏、失眠、多梦、全身乏力、记忆力减退等症状；河北省廊坊地区有一例死于脑癌的病例。据了解，这个人在使用手机2～3年后即出现神经衰弱症状，开始以为是工作劳累，直至头痛十分严重时才去医院检查，后确诊为脑部恶性肿瘤。肿瘤发生的部位正好是与手机相对应的位

电磁危害，不容忽视

环保进行时丛书
HUANBAO JINXING SHI CONGSHU

置。此外，手机的电磁波还会严重破坏心肌电位平衡，诱发心脏疾病的发作。

为了预防手机对人体健康的潜在危害，世界保健医学联合会向手机用户提出了8项简便易行、富有效果的忠告。

(1)采用可靠的电磁防护用品。

(2)使用手机时，不要将手机，特别是天线紧贴耳朵、头部，手机上的天线至少距头部距离2.5厘米。

(3)身边有其他电话时，尽量不用手机。

(4)使用手机时，尽可能缩短每次的通话时间，如果确实需要较长时间通话，那么可以把一次通话分2～3次完成，以利人体"自我调节"，减少损害。

(5)左右耳朵轮流听电话。如果常听的一侧耳朵发热、发烫时，应立即停止通话，然后再好好用热水擦洗耳朵，并用手掌来回按摩耳朵局部，以增加局部血流量和血液流速，使受损组织迅速愈合。

(6)当频繁使用手机后，忽然感到没有原因可以解释的心悸、头晕、失眠、健忘时，应减少或停止使用手机1～2星期。

(7)妇女在月经期，每天使用手机的时间不要超过1.5小时，否则可能因中枢神经的不适引起月经紊乱。孕妇每天使用手机时间应控制在1小时以内，否则对胎儿发育不利。

(8)饮食方面，多吃富含维生素B的食物，如粗粮、豆类、蛋类、奶类和新鲜绿叶蔬菜等含维生素B丰富的食物，有利调节人体电磁场紊乱状态。

最后，还需补充的一点是：接通手机后等1～2秒再将手机靠近耳朵。这样可以避免手机刚接通时超强的电磁波辐射头部。

六、低碳衣着的学问

随着生活水平的不断提高，同学们追求衣着时尚已经成为一种爱美之心的自我陶醉，然而服装的流行趋势瞬息万变，要想跟上它的节奏就得不停地买不停地换。

穿着什么样的服装合适要因人而异，别人穿起来显得漂亮的，自己穿起来则不一定合适，千万不要从众"随大流"，看到别人抢购自己也跟着买。觉得可买可不买的衣物就干脆别买，千万别凭一时冲动过几天再后悔。少买一件衣服可节能折合标准煤2.5千克，减排二氧化碳6.4千克。按2500万人次少买一件衣服估算，可节能折合标准煤6.25万吨，减排二氧化碳16万吨。

过量使用洗衣粉

在洗衣物时没有多少人太在意加多少洗衣粉合适，许多人都是"大估摸"着放，宁多勿少反正也值不了几个钱，能把衣服洗干净就行，多放一些洗衣粉是常有的事，日积月累因此白白浪费了许多资源。少用1千克洗衣粉可节能折合标准煤约0.28千克，减排二氧化碳0.72千克，按3.9亿人次采取这项措施估算，可节能折合标准煤约10.9万吨，减排二氧化碳约28.1万吨。

少买件衣服没什么大不了的，合理使用洗衣粉也只是举手之劳，不仅

能省下钱还对环境有好处，何乐而不为呢？

还有就是，新买的衣物最好洗后再穿，这一点很重要。人们通常会直观地认为新衣服最干净。从细菌存留的角度来看，或许它是干净的，但这并不意味着上面没有残留对健康有不良影响的有害物质。

低碳服装是一个广泛的服装环保概念，泛指可以让我们每个人在消耗全部服装过程中产生的碳排放总量更低的方法，其中包括选用总碳排放量低的服装，选用可循环利用材料制成的服装及增加服装利用率，减少服装消耗总量的方法等。

就服装业来说，要想发展低碳经济，技术创新是首要的，文化发展也不可或缺。具体来说，需要三个方面的系统行动。一是能源环节，用太阳能、风能、生物能等低碳的可再生能源或其他清洁能源，替代传统的高碳的化石能源；二是原材料环节，开发低碳材质，改良各种化学染料，研发可回收再利用的纤维，将纤维生产、染色等环节对环境的损害降到最低；三是文化环节，服装不仅是物质产品，更能满足人们的精神需求，要倡导绿色时尚文化，树立低碳、负责任的消费观念，而不是以刺激、快速消费为特征的时尚文化。

购物是大多数现代女孩所钟爱的消费活动，为了追求时尚衣着，一些女同学不惜花费大量时间、精力和金钱，但所购买的许多衣物实际上根本没机会穿，尘封在衣橱里甚或被扔掉。

在人们的常识观念中，环境影响只与工业生产或大规模的技术活动有关，穿衣戴帽似乎并不产生什么环境影响。其实，生产服装鞋帽之类的生活用品，以及为提供流行样式所产生的生态影响也不可低估。如棉花种植者是世界上最大的农药和水的使用群体之一，合成纤维织物主要来源于以不可再生资源作为原料并产生严重污染的石化工业，一些毛料和皮革来自过度放牧地区的牲畜，甚或一些珍稀动物，纺织厂常常使用作为危险品登记的工业染料，由于不断追求服装时尚而被淘汰的衣物也产生了大量的垃圾及污染等。

因此，作为一个有环境意识的学生，不盲目追求时髦，理性消费，以少而精的衣物，加之巧妙的搭配同样可以穿得光鲜、漂亮、自信，既可以节省时间和金钱，还可以带来心灵的充实和宁静。

有这样一个故事：一个女孩的母亲买了件狐皮大衣，却引起女儿伤心的联想。因为书上说，母狐每次产5～8只小狐，她便画了一幅画，画上有一群可怜巴巴的小狐狸张着大嘴向女孩哭诉：你妈妈为了穿裘皮大衣，把我们的妈妈杀了！后来，这幅画被选入国际儿童环保绘画比赛，组委会以此印制了海报，海报上有一行大字：你的妈妈穿了一件裘皮大衣，100多只小野兽却因此失去妈妈！

可想而知，穿野生动物毛皮制作的服装，其背后是多么悲惨的结局呀。目前，全球很多文明国家都开始抵制兽皮服装，国际流行的口号是"宁肯裸体，不穿裘皮"、"只有野兽才有权穿裘皮"……这是人类生态道德觉醒的体现。

生产羊绒衫的原料来自于绒山羊，而绒山羊因喜食草根，对草原的破坏是毁灭性的。据科研人员调查发现，在草资源相对丰富的地方，饲养一只绒山羊每年至少需耗尽2～3亩的草场资源，在草资源相对贫瘠的地方，则每年要消耗10～15亩，一只绒山羊饲养一年仅产500～800克无毛绒，5只绒山羊饲养一年只能织一件成人羊绒衫。也就是说，织一件羊绒衫，每年至少要消耗10～15亩草地。

据报道，日本、美国、澳大利亚、新西兰等国家早在20世纪50年代就开始对羊绒产业采取限制规模甚至禁止政策，而我国1981年从日本大规模引进绒山羊以来，羊绒产业蓬勃发展，一跃成为目前世界羊绒生产、加工、出口、销售和消费的第一大国。据统计，全世界山羊绒年产量为

1～1.2万吨，而我国山羊绒产量约占世界羊绒产量的70%。

羊绒产业发展的第一动力来自于消费。受广告和一些生产商片面宣传的影响，很多消费者都把穿戴羊绒制品当作一种时尚，而对羊绒制品消费间接造成的生态问题却一无所知。如果我们能少买一件羊绒衫，就等于保护了一片面积约为10～15亩的草场。少穿或不穿羊绒衫，都是保护草原、防治沙漠化的实际行动。"勿以善小而不为"，在您选购衣物时，自觉地抵制羊绒制品，就是一个不小的善举。

在面料印染和服装加工制作过程中，为满足面料和服装达到颜色鲜艳、挺括舒展和阻燃效果，一些服装特别是传统普通服装，需要添加含有甲醛等成分的氧化剂、催化剂、阻燃剂、增白荧光剂等多种化学添加剂。在高温、高压下，甲醛分子与织物纤维分子铰链结合，才能达到服装防皱的要求。在经过漂染的牛仔服、休闲服和免熨烫的服装中，残留甲醛的可能性最太。经常穿着超量残留甲醛的服装，特别是贴身内衣物，其刺激作用可诱发过敏性皮炎、呼吸道炎，导致皮肤红肿、发痒，甚至出现连续咳嗽等症状。荧光增白剂是可吸收光线或紫外线而反射蓝白磷光的化学染料，对皮肤的刺激作用很强，可诱发过敏性皮炎而导致瘙痒。它进入体内不易被分解，一旦与蛋白质结合只有通过肝脏才能排出体外。荧光剂可使人体细胞产生变异，富集于肝脏等器官有诱发癌变的危险。

残留在衣服上的有害物质经过洗涤会有所减少，由于甲醛易溶解于水大部分可被去除。无论是甲醛残留超标或不超标的新衣服，特别是衬衫和童装，要经过浸泡、漂洗或在室外晒晾几天再穿。穿着新衣服后如出现皮肤瘙痒或过敏反应，或情绪不安、饮食不佳和连续咳嗽等症状的，应尽快到医院诊治。

另外，选购服装追求风格新颖、款式时尚没什么不好，但注重健康与环保比这更重要。

尽量选择本色或浅色的服装——用本色面料制成的服装，很少经过或没有经过化学着色剂浸染，服装特别是贴身的内衣物，应选用原色或浅色的为好。

尽量选择通过环保认证的服装——我国在通过环保认证的服装上贴有一次性激光全息防伪环境标志，用激光笔照射从任何角度都可看到标志上面的十个圆环。

尽量不选择化纤类内衣——此类内衣物吸水性、透气性极差，会增加汗液和其他分泌物，经常穿着此类内衣物易引起皮肤瘙痒等刺激性反应，而且女性高于男性。经常穿戴紧裹于身的化纤类文胸、尼龙连裤袜，虽然会显得体形漂亮却影响排汗，诱发皮炎、乳腺疾病的几率比不穿戴的要高。

尽量不选择塑身内衣——肌体受到塑身内衣的长期过度挤压，皮肤毛孔淤滞阻塞，脏器、神经系统微循环处于紧张状态，乳腺等局部组织血液循环不畅，会导致皮肤微循环异常、便秘、腹泻、腰痛和乳腺炎。

尽量不选择保暖内衣——许多保暖内衣真正起保暖作用的材料是一层添加了软化增塑剂的聚乙烯薄膜。虽然将冷空气与人体隔开，但透气性受到了严重影响，长期穿着会影响皮肤的吐故纳新。

七、校园低碳，节水先行

食堂、公共浴室、公共洗手间等很多地方都有"长流水"现象，这是一个非常令人头疼的问题。我国《水法》指出，水资源属于国家所有，即全民所有。世界各国也都规定，水是公共财产。因此，人人都应当具有节水意识。人人爱护水资源，节约水，反对浪费

水、污染水，大自然才能与我们和谐相处，生活才能健康、幸福、美满。

如果你在公共场所看到"长流水"要随手关上水龙头，如果水龙头坏了或者年久失修的话，要及时向学校有关部门反应这个情况。在公共浴室洗澡，不能因为花了钱就浪废水，恨不得把自己花的钱全用回来。节约用水不分公私，不管你是在哪里节约水都是为环境贡献自己的微薄之力，只要你坚持，就可以收到水滴石穿的效果。

我们很难想象生活中惊人的水浪费：一个关不紧的水龙头，一个月可以流掉1～6立方米水；一个漏水的马桶，一个月要流掉3～25立方米水；一个城市如果有60万个水龙头关不紧、20万个马桶漏水，一年可损失上亿立方米的水。如此下去我们的水资源总有一天会面临枯竭的危险，或许真的会像广告词说的那样：最后一滴水将是你的眼泪。因此我们必须树立水危机意识，培养节水的习惯。

节水并不是不用水，不明白"节水"二字真正含义的人总是错误地认

节约用水

为，节水是限制用水，甚至是不让用水。其实，节水是让人合理地用水，高效率地用水，不随意浪费水。专家们指出，就目前到处存在的浪费情况来说，运用今天的技术和方法，农业减少10%～50%的需用水、工业减少40%～90%的需用水、城市减少30%的需用水，都丝毫不会影响经济和生活质量的水平。对于我们来说，在日常生活中的举手之劳便可以做到节约用水，如洗澡、洗菜、浇花中注意节水，抑或用节水器具，拧紧水龙头，都可以随时随地做到节水。可别小看了一滴水，如果每人每天节约下一滴

水，那么一年下来也能节约几吨水，如果全球每人每天都节约一滴水的话，数量之大就难以想象了。

据分析，学校只要注意采取节水措施，就能节水70%左右。这主要是因为人们的节水意识还没提到一个高度。我们发现日常生活中人们与浪费水有关的习惯很多，比如：用抽水马桶冲掉烟头和碎细废物；为了接一杯凉水而白白放掉许多水；停水期间忘记关水龙头；洗手、洗脸、刷牙时让水一直流着；睡觉之前、出门之前不检查水龙头；设备漏水不及时修好。只要你改掉这些坏习惯，无形之中就做到了节水。

每天早上起来，我们必做的一件事就是洗脸、刷牙、洗手，而在这些看来最为平常的事情中却有着不平常的节水技巧。有的人洗脸的时候习惯开着水龙头，然后用手捧着水洗脸，先把脸弄湿，用洗面奶在脸上轻轻揉，直到出现泡沫，再用水把泡沫洗干净，这个过程中，水一直流着，这叫长流水洗脸；还有一种洗脸办法，就是用一个盆接上一定量的水，关了水龙头，捧着盆里的水洗脸，然后再换一盆水，一般用3盆水就可以把脸洗干净了。哪一种洗脸方式省水呢？再说洗手，在洗手的时候，有的人就让水龙头一直开着，往手上打肥皂时也是，一直到把手上的泡沫冲干净才关掉水；还有刷牙的时候，有的人根本不用刷牙缸，先开水龙头，再挤上牙膏，刷牙，刷完牙漱嘴，把牙刷冲干净，这才关上水龙头。如果在洗手打肥皂的时候把水龙头关住、刷牙的时候用个缸子装水而不是用长流水，哪一种方式更省水也并不麻烦呢？答案是不言而喻的。

洗漱要节约用水

青春校园的美好生活

用长流水洗脸的时候，洗脸要花2～3分钟时间，水龙头一直开着，水也就要流2～3分钟，根据试验和统计表明，一般来说，水龙头开1分钟，就会耗掉自来水8升左右，2～3分钟则耗掉清水16～24升。而用手捧起洗脸的水约占流水的1/8，其他的就白白浪费了。如果改用洗脸盆洗脸，每人每次只用4升左右的水就足够了。比如一个3口之家，如果都用洗脸盆洗脸，每人每次节约清水16升左右，按每人每天洗脸2～3次算，那么全家每天可以节水120升左右，一个月全家可节水3600升左右。有关调查显示，有50%～60%的人在洗脸时不关水龙头，如果这些人改变一下洗脸的习惯，这对于一个小区、一个校园、一个城市、一个国家，甚至整个地球来说，可以节约很多的清水资源，这可是一个不小的数目呢！

刷牙也是这样，如果刷牙用2～4分钟，就要流掉24升左右的清水，其中绝大部分水都白白地浪费了，而同样是刷牙，如果用水杯来接水，然后关闭水龙头开始刷牙，浸润牙刷，短时冲洗，勤开勤关水龙头，刷牙的效果完全一样，而这种刷牙方式一般只用3杯水，用水0.6升，比起长流水的刷牙方式，节水率达96%！如果一家3口人都采用水杯接水刷牙的方法，按每天刷牙两次算，一天就可节水140升左右，一年的节水量可达5.1万升！

洗澡也和洗脸、刷牙一样是最平常不过的事，有的人一天可能要洗不止一个澡，特别是炎热的夏天，一身大汗的时候冲个澡，真爽啊，疲劳和

辛苦一洗了之！可你想到没有，洗澡的过程也是我们节水的过程。

洗澡不要太频繁。过于频繁地洗澡不仅浪费水，对皮肤的健康也没有好处，尤其是在干燥的秋冬季节，因为沐浴液除去皮肤上的油脂和皮屑的同时，还会使身体上保护皮肤的皮脂被洗掉，

洗澡不要太频繁

这样皮肤就会感到干燥紧绷。如果洗澡频繁，感觉会更加明显。所以每星期洗澡以1～2次最为适宜。

洗澡最好用淋浴。淋浴比盆浴更为省水一些，淋浴5分钟用水仅是盆浴的1/4，既方便又卫生，更节水，但也要避免长时间冲淋。据美国纽约市民节水资料报道，淋浴时，长流水洗澡，用水量是120升左右，如果先冲湿后用沐浴露或者香皂，再打开水龙头冲洗，用水量只是40升左右。淋浴时间以不超过15分钟为宜（每超过5分钟会流失13～32升的水）。所以洗澡要抓紧时间，先淋湿全身随即关闭喷头，然后通身搓洗，最后一次冲净，不要分别洗头、身、脚，用香皂或浴液搓洗，一次冲洗干净。另外，洗澡时间长了，因人体皮肤、肌肉过度松弛而引起疲倦、乏力，吸入由热水中挥发出来的有机氯化物也多，而三氯甲烷等有机氯化物对人体相当有害。

选用节水喷头。淋浴用的喷头是节水的关键，普通龙头流出的水是水柱，水量大，常用喷头70%～80%的水飞溅，大部分水被白白浪费掉，使用率只有20%～30%。最好使用花洒式喷头，既能扩大淋浴面积，又控制了水的流量，达到节水的目的。而且现在的花洒有些是专门设计了节水功能的，在节水器具上加入特制的芯片和气孔，吸入空气后产生一种压力，并进入流柱中，空气和水充分混合，相当于把水流膨化后喷射出来，因此，在达到节水目的的同时，其冲刷力和舒适度是不变的。

间断放水淋浴。淋浴时不要让水自始至终地开着，抹浴液时、搓洗时不要怕麻烦，把水关掉，每次至少可节省约30升的水。洗澡时要专心致志，抓紧时间。

连续洗澡可省水。多人需要淋浴，可几个人接连洗澡，能节省热水流出前的冷水流失量。

软管越短越省水。淋浴喷头与加热器的连接软管越长，打开后流出

的冷水就会越多，通常这些清水都会被放掉而造成浪费，所以软管应尽量短。如受条件限制必须加长，可在打开喷头前在下面放一个干净的容器，专门接这些清水，用来洗脸洗手或冲马桶。

盆浴节水有窍门。如果十分喜欢盆浴，要注意水不要放满，有1/4～1/3就足够用了。还可以使用节水浴缸，因为它不仅容积小还可以使用循环水。节水型浴缸主要依靠科学的设计来节约用水，它们往往设计得比普通浴缸要短，符合人体坐姿功能线，所以，在放同样水量的时候，就显得比传统浴缸要深，避免了空放水的现象，一般能比普通浴缸节水20%左右。

洗澡水巧利用。将洗澡冲下的肥皂水和洗发水等有化学物质的水收集起来，可用于洗衣、洗车、冲洗厕所等（可节省清洁剂的用量）。

洗澡水收集窍门。淋浴时，在脚下放置一个盆接淋浴水。注意盆要大，因为水量很多。如能站在浴缸里洗，收集效果会更好。

洗澡时别洗衣服。最好不要在洗澡时"顺便"洗衣服、鞋子。因为用洗澡时流动的水洗这些东西会比平时用盆洗浪费3～4倍的水。

小件衣服，尤其是夏天穿的衣服或者内衣尽量用手洗。用洗衣机洗不仅浪费大量的水电资源，而且容易对衣物造成污染。因为，洗衣机洗衣服大多是很多衣服都放在一起洗，如果用完后清洁不干净，洗衣机内会滋生大量细菌。而夏天的衣服和内衣大多都是贴身穿的衣物，如果感染上了细菌必然会对自身健康造成威胁。因此，如果是小件衣服的话，尽量用手洗，这样不仅节水节电，还可以锻炼身体，又保证了衣物的洁净，何乐而不为呢？

第二章

校园低碳新概念

一、低碳校园时代

我们通常把学校教学用地和生活用地的区域称作校园。校园可以是封闭式的校园，在学校周围用围墙划分出可供使用的范围，包括教学活动区域、课外活动区域、相关人员的生活区域等。校园也可以是开放式的校园，不设围墙，城市的道路贯穿于校园内，此时的教学和课余活动范围就称为校园。

学校作为有计划、有组织、有系统地进行教育教学活动的重要场所，是现代社会中最普遍的组织形式。现代的学校培养人的性质并没有发生变化，也不能发生变化。但是培养人的内涵却变得更为丰富，需要顺应个人个性的发展，彰显学校的生命力与活力。

学校同其他社会组织不同，从根本上说，学校教育是一种培养人的社会活动，它通过对个体传递科学知识、学科理论、生活和生活经验，促进个体身心发展，使个体社会化。

学校本身具有的促进功能不仅是提升个人素质的基础，同时也是促进个人与社会和谐发展的重要手段。这种促进功能就是一种对受教育者施加影响和作用，这种作用过程主要是根据现实社会对每一个人的基本素质要求和个

美丽的校园

人身心发展的基本规律以及不同的个性特征来进行的。因此通过学校的这种促进功能，可以培养不同类型的人才，促进社会的发展。

随着网络的普及，人们可以从多种渠道获取知识，因此学校必须重新审视自身的功能，适时应变地对来自各个方面的影响加以选择，以便更好地发挥其组织、调控的作用。

学校在发展低碳时代中的作用有以下两点：

1．传播低碳理念，培育低碳文化

学校是一个传播文化的特定的学习场所，是学生获取知识、培养价值观、养成良好行为习惯的重要场所。学生在学校中的时间约占每天时间的1/3，学生的大部分时间是在学校中度过的，因而学校可以通过各种教育手段和方法对学生开展正规的环境教育。此外，校园环境对学生还起着潜移默化的影响，因而通过校园环境、生活方式和管理方法的转变，学校向学生传递低碳理念，培育低碳文化，这对发展低碳经济具有重要的指导意义。

2．建设低碳学校，提高环境素养

从环境保护的角度看，学校是一个环境问题的制造者，它随时对环境产生不良的影响，因此学校有必要对所在校园区域进行环境管理和规划，以实现学校的低碳和可持续发展。学校进行环境管理活动为师生提供了参与环境保护的实践机会，通过实践进行环境教育具有特定的教育意义。

低碳校园 生态发展

学生通过了解校园环境问题的产生和改善，学习环境和社会的知识，理解人与自然环境的关系，能够不断地提高环境素养。这种环境素养的提高，对于任何国家低碳经济的发展都具有深远的影响。

二、必不可少的校园低碳常识

学校是传播知识的圣地，是培养人才的摇篮。这种人才应该是德才兼备的社会需要的人才，他们除了具有较高的科学素养，也应该具有较高的环境素养。低碳理念可以运用到校园教学、校园改造等多个方面。建设低碳校园，是对学生开展生态文明教育的最好形式，它关乎每个学生一生的环境素养。这对于低碳城市、低碳社会的建设都具有重要的意义。

低碳校园的含义可以概括为：低碳校园是指在实现学校基本教育功能的基础上，以可持续发展思想为指导，在学校全面的日常管理工作中融入低碳的管理理念，并持续不断地改进，充分利用学校内外的一切资源，逐步提高师生环境素养的学校。

低碳校园也不仅仅是对学校区域的绿化，更主要的是将环境教育从课堂渗透扩展到全校整体性的教育和管理中，应鼓励师生共同参与学校环境教育活动，在实践过程中提高全体教职员工和学生的环境素养，真正落实环境保护行动。对于低碳校园的理解和认识，不能停留在表面上。"低碳"的背后是整个生态的和谐。

低碳校园是一种比较新鲜的提法，其特征主要包括以下几个方面：

1. 贯彻低碳理念的校园

低碳校园最重要的一个特征就是低碳理念的普及。校园内拥有两大主要区域：一是教学区域，主要是教师活动及学生学习的工作区域；二是生活区，主要是学生和教师的生活区域。在上述区域内应建设运用太阳能、风能、沼气、地热等方式供热的低碳楼宇。除了设施之外，教师和学生的

行为也应是低碳、少碳的。

2．践行低碳的师生群体

低碳是一种理念、一种意识，需要贯穿于每个人的行动和生活中。低碳的校园是老师和学生共同的低碳。作为最主要的构成主体，师生无论是在上课、课后、生活中都应注意个人的行为，减少碳排放量，保护环境。

低碳校园

3．特设的低碳组织

低碳组织既包括专门的研究机构，又包括宣传组织。研究低碳的机构由能源、环境、经济方面的专家组成，能够把低碳技术转化成现实成果。宣传组织是学生宣传低碳的组织，如低碳协会、义工团队等。

 ## 三、建设低碳校园 培养高素质人才

发展低碳经济具有重要的意义，全球都已经开始行动起来，采取各种措施减少二氧化碳的排放量。国际组织、各个国家已经开始出台相关政策，推动低碳经济、低碳技术的发展。各国的环保组织也积极行动起来，倡导健康的低碳生活。作为传播人类文明和知识的机构，学校更要承担引领人类文明、提升公众意识的高尚责任。作为社会中一个重要的组织，学校也应该积极地行动起来，加入到推动低碳经济发展的运动中来。

学生阶段是一个人世界观、价值观、道德观形成最关键的时期，因此，加强对学生的生态文明教育是面向全社会普及生态文明知识的最重要一环。通过低碳校园的建设来弘扬生态文明有着特殊的意义：

1．顺应能源节约型社会的发展趋势

能源对于任何一个国家的发展都是必不可少的因素。随着各种化石能源的过度消耗，各国更加注重对能源的开发和利用。在全社会范围内，树立节约意识和观念，倡导节约文化和文明成为一种新的时尚和潮流。各国建设节约型城市、节约型企业、节约型社区成为一种必然的发展方向。学校作为传播人类文明和知识的机构，更应承担引领人类文明、提升公民素质的伟大责任。建设低碳校园正是顺应了能源节约型社会的发展趋势，是一种正确的选择。

2．符合低碳城市建设的总体思路

学校作为重要的社区，是城市的一个组成部分，建设节约型校园、低碳校园不仅是顺应能源节约型社会的发展趋势，同样也符合低碳城市建设的总体思路。低碳校园可以减少煤炭消耗，利用沼气、太阳能等清洁能源，减少二氧化碳的排放量，积极促进低碳城市的实现。

3．有利于培养更多的优秀人才

学校作为一个广阔的平台，通过学校内的研究机构、教师队伍的不断努力，在课堂上强化学生的低碳意识；通过学生社团组织的各种活动，让学生在点滴的生活行为中落实低碳意识。这种具有低碳意识的学生如果步入社会，对于社会发展来说是一笔巨大的财富。这些学生可能从事不同的工作，如从事低碳技术的开发、低碳政策的研究。即使没有到这样的低碳领域工作，也能在日常工作中践行低碳的理念。可见，建设低碳校园、宣传低碳理念能够为社会需要培养更多的优秀人才。

4．有助于提升学校教育的内涵

学校教育内涵的本质是追求人的发展，因此，人既是学校教育的中心，也是教育的目的。提升学校教育的内涵，就是把学校教育与学生的幸

青春校园的美好生活

福、自由、尊严、终极价值联系起来，使教育不仅关注物，更关注人，使学校教育真正成为人的教育，而不是机器的教育。

建设低碳校园不仅能使教师和学生的环境素养得以提高，学校环境得到改善，而且还通过学生带动家庭，家庭带动社区，社区又带动公民，使更多的人广泛地参与保护环境的行动，形成更大范围的联动，共同保护环境。

低碳校园文化

这种低碳意识在校园中的扎根也是校园文化的一次提升，对于学生精神层面的教育发挥着重要的作用。通过建设低碳校园，可以向当地、全国乃至国际社会介绍和交流自己的经验，提高自己在本地区的声誉和形象，有利于学校自身的发展。

 四、树立正确的环保意识

人的意识有很多种类，同时也很复杂，意识中与环境、资源及保护等有关的内容即是我们对保护环境的意识，或称环境意识。它涉及人类对生存环境、自然资源种类及有限性的认识，以及人们的行为取向和社会心理。作为新时代的学生应该认识到，目前全球生态系统都受到一定程度的自然及人为方面的危害，特别是中国的环境更是令人担忧，我们应该树立起良好的环保意识，自觉维护生态平衡，抵制破坏环境的行为：要有高度的资源（空气、水、土地等）有价意识和资源再利用意识，保护和节省不可再生资源，做到物品循环利用，努力约束自己的思想和行为，以保护我们共同的家园。

当今社会，物质生活及精神生活十分丰富，生活富裕后的我们更应思量如何提高我们的生活质量、净化人的心灵，为拥有洁净的家园而贡献自己的一份力量。整个社会都应崇尚"保护环境光荣、破坏环境可耻"的新道德观念，把善良、正义、勤俭、节约、朴素的生活方式扩大到人与自然、人与环境的关系上，努力做到人与环境和谐统一。地球上所有生物都享有拥有良好的生存环境、不受污染和破坏，保证健康生活和持续发展的权利，人类所有成员都应保护自己的生存环境，做到互惠互利、共同发展，形成使破坏环境的行为和言论成为"过街老鼠"的良好社会风气。

同学们应该建立一种基本的环境法制观念，对一些基本的权利和义务做到心中有数。法律规定：每位公民都享有在特定环境中生存的权利，同时也负有保护环境的义务和责任，我们在日常生活中如果受到诸如噪声、不洁净水、污染空气、受污染食品等

保护我们共同的家园

侵害时，都可以拿起手中的法律武器向当地有关部门投诉。同理，如果公民做了违反环保规定及法律的事，如食用了野生动物、捕杀了珍稀保护动物、破坏自然保护区景观等，也都将受到法律的制裁。对于企业来说也是一样，即使是国有大型项目，同样要遵守法律，违法必究。《中华人民共和国环境影响评价法》已于2004年9月施行，2004年底"环评风暴"中查处通报了30家未经环评就开工建设的违法项目，包括大型国有电站项目在内，这一行动得到了全社会的广泛支持。

文化是一种抽象的概念，也是一个民族文明程度的体现。一个社会某种文化的形成需要人们长时间、大范围的努力。凡致力于人与自然和谐

相处，推行可持续发展的意识形态即可谓环境文化，它是人类新的文化运动，蕴意着人们思想观念的深刻变革，也是人们对传统工业文明的反思和超越。环境文化的形成是精神和物质有机结合的典范。它促使人们返璞归真、亲近自然，对环境产生积极的影响，从而提高人类的生活质量。然而，一个社会环境文化的形成不是一朝一夕的事情，需要每个人身体力行，真正从思想上认识到保护环境的必要性，并克服自身缺点和人类行为的劣根性，使自己的心灵得到升华。

 五、学生环保与绿色学校

在校学生处在人生最重要的发展阶段，他们像是一块海绵，对外界的新知识、新观念很快就能吸收。在这一阶段的正规教育中，如果教师和学校都能重视开展环境教育活动的话，学生就能从小就对浅显的环境科学知识有所了解，并培养良好的环保习惯，对个人素质的提高有着十分重要的作用。作为学校的教师，完全可以根据学生的心理特点开展各种丰富多样的课内外活动，引导学生

绿色学校

购买一些环境科普类读物，有计划、有时间性地引导孩子们阅读一些与环境有关的文学作品，观看电视中的环境类宣传节目收听广播电台有关环保的节目，或者阅读报纸、杂志等出版物，树立孩子的环境道德观，让他们关心国家有关环境问题的讨论，还可以通过订阅环境类报刊，关注媒体环境报道和热点问题讨论来提高孩子的环保意识，并身体力行，参与改善国家环境状况，培养自己的现代世界观。作为21世纪的青年人，我们还应有"地球人"的观念，时刻关心世界环境变化的趋势。

在一些发达国家，关于绿色学校或生态学校等活动早在20世纪七八十年代就涌现出来，由于学校环境教育大多与课外活动相伴，这正与国外教育方式注重动手能力的特点不谋而合，学校教师会利用多种方式来让孩子"在环境中学习，在学习中了解环境，为了环境而学习"。废弃的物品往往成了教师的教具，"一无是处"的垃圾被学生们用来制造工艺品。这样的学习既不枯燥又活跃了学生们的生活，还可以了解很多课本外的知识。

20世纪90年代中后期，我国的绿色学校层出不穷，全国创建绿色学校活动风起云涌，绿色学校的开展逐步正规化、系统化、日常化。由于中国的社会体制以及教育普及程度的大幅提高，绿色学校的创建比国外有着得天独厚的条件。绿色学校不仅有助于师生环境意识和知识的培养，也促进了学校包括软硬件水平的提高和相关资料档案的建立，提高了教学和管理水平，也使得学校的校园更加秀美。通过对用过的资源进行回收利用，不仅增加了学校的"收入"，还锻炼了学生的动手能力；开展校外污染调查等活动加强了学生与校外企事业单位、科研机构和政府机关的联系，不仅锻炼了学生的社会实践能力，还增强了他们的公关能力。一项环境社会调查不仅使学生了解科研的实质，还使他们学会如何查找资料，选择购买有用的书籍，与社会有关部门合作，这正是素质

教育的真谛所在；同时这样的活动也会为学校树立良好的形象，获得声誉，学校也许还会得到物质和精神的回报；通过校际交流，孩子们可以互相取长补短，增进友谊，甚至可以走出国门，与国外的学生交流和沟通。通过倡导节水、节电、回收废品等活动，不仅提高了资源利用率，节省了开支，改善了学校财政，也会使学生学会勤俭节约，养成良好的生活习惯。

渗透式环境教育是学校环境教育的一种方式，它是通过教师在环境教育教学计划中将环境教育的内容渗透到相关学科，或在其他学科教学过程中进行环境教育，而并不把环境教育列为一门独立的课程。由于环境科学涉及的领域广泛，是一门多学科的交叉性学科，因此许多学科或科目都与之有关，物理、化学、生物甚至是语文、英语都能涉及。所以教师不论教授哪门课程都应注意提高自己的环境修养，注意留心和收集环保的资料，包括通过媒体等渠道收集。随着我国教育体制的改革，应试教育将会被素质教育取代，教师可为自己制订计划，逐步适应社会发展的需要。

在传统的教学方式中，教师在讲台上讲，学生在下面记笔记，考试时再背笔记，统一标准答案等，这种填鸭式的教学越来越被学生、家长和教师摒弃。青少年儿童好动，爱动脑筋，喜欢活泼互动的教学方式，而互动式教学正迎合了学校环境教育的特点。互动强调的是教师与学生之间、学生与学生之间以及师生与环境教学之间的双向交流、沟通和影响，也许一场辩论、一出小品、一首诗词、一次课堂讨论都能起到互动的作用。野外考察、写生、实验、调研、录像等都能为学生提供这样的机会。例如学生查找资料时调动了他们的思维活跃性、主动性，在研究中他们得到了启发，甚至会提出新问题，而学生不清楚、不理解的问题可以向老师提出，甚至对不同观点可以与老师开展辩论。在这一过程中，问题的实质将进一步清晰明朗，而对解决不了的问题可继续寻找有

（侧栏）青春校园的美好生活

关部门和专家解决，在这一过程中，学生们真正学会的是学习的方法，而不是死记硬背。

六、低碳校园的未来目标

为更好地建设低碳校园，达到实现低碳校园的目标，学校不妨从以下方面着手：

1.低碳经济的教研机构

教研机构主要是指各学校依托雄厚的教育教学资源，整合力量，成立专门的研究机构，比如低碳经济研究中心、低碳经济政策中心等。同时利用学校优秀的教学资源，把低碳教育引入课堂教学，组织相

向学生普及低碳常识

关专业的教师开设"低碳经济"通选课或是相关课程，把低碳知识搬进课堂，通过知识问答、案例剖析、互动咨询等环节，向学生普及低碳常识，通过灵活多样、不拘一格的方式，让学生在一种轻松自然的氛围中接受低碳教育，认同低碳理念，践行低碳生活，并以此推动学校低碳经济的研究。

2.低碳排放的校园社区

低碳排放的校园社区主要是指各学校在建设校园和设计过程中运用低碳理念、低碳技术，节约能源的消耗。学校是教育机构而非生产实体，在很大程度上来说是一种以教育和生活为主的社区，它的碳排放主要是生活中的燃料燃烧所产生的温室气体排放。因此该项措施主要是通过优化组合，在对校内的基础设施调研的基础上进行改造。在设计和建设的过程中，可以充分利用太阳能、风能、沼气能源等。

3.低碳环保的花园环境

低碳环保的花园环境主要是指各个学校可以通过在校内实施"节能增绿"工程发展低碳经济。一方面是通过减少二氧化碳排放量来实现，另一方面就是通过植树造林来提高二氧化碳的中和率。巨大的森林碳汇将为保护全球气候系统和生态环境发挥积极作用。通过植树造林，营造学校内部花园式的校园环境，可以展现低碳环保的实际益处。可以引进数字化节约型校园节能监管平台，用水用电24小时监控，实现对学校能源使用的实时监测和科学管理。

4.低碳行为的示范基地

低碳的示范基地主要是把学校这样一个区域建设成为人们践行低碳行为的示范基地。在这个区域内，学校内的所有人员包括教师、学生、后勤人员等都树立低碳意识，改变原有的行为方式，共同营造低碳的良好氛围，教师上课、学生生活等方面都开始用低碳的理念指导自己的行为。这个示范基地实际上是一个小的平台，利用这样一个平台，逐渐扩大示范的范围，从校园内到校园外，践行低碳理念。

要建设低碳校园，学校应建立明确的战略目标以及可行的技术路径和可量化的考核标准。学校可以在制订下一个年度发展规划时制订低碳校园行动计划，订立学校年度能源管理工作计划，将能源教育、低碳教育列入年度校园工作计划。此外可以成立相关的低碳机构，如建设低碳校园委员会、低碳项目中心等机构，保障低碳校园建设各环节的有序运行。

低碳校园委员会是学校为保证低碳活动正常运行而设立的领导机构，并渗透到团委各分支、各系、各班级、各寝室、各行政机构与服务部门。聘请专家与低碳公司一起对校园现况进行诊断，并提出整改方案与办法，从专业角度实施低碳校园建设。

学校通过对用电、取暖和师生日常出行等方面能源消耗的统计，可以得出整个学校的能源消耗结构图，发现其中存在能源浪费的地方并提出相应的改进措施。最后可以利用节能减排成果在校园内对同学们进行宣传，让学生共同参与到整个低碳校园建设的过程中。让学生意识到个人对节能减排应该承担的责任，从自身做起，改变一些生活习惯和出行方式，通过转变学生的行为方式，提升低碳校园建设的效果。

全球倡导的低碳经济就是以低能耗、低污染、低排放为基础的，低碳也是社会发展与文明进步的一种体现。这是人们对地球母亲更多关注的表现，也是对人类生存发展观念的一种根本性意识转变。因此对于每个人而言，要从自己做起，实践低碳生活，注意节电、节油、节气，从点滴做起。

为了能够更好地建设低碳校园，在学校内要积极宣传低碳经济、低碳意识，应该积极利用各种渠道，多角度、全方位地进行。首先可以利用校园网、校园广播、校报、短信、飞信、QQ群、橱窗、宣传板、海报、倡议书、调查问卷、讲座等，通过真实的数据或生动的纪录片以及实地考察等多种形式，在校园范围内大力宣传低碳意识，倡导低碳生活。

其次，学校可以通过各种活动引导师生的行为，可以通过各种辩论赛、知识问答大赛等形式，增强学生对于低碳经济、低碳技术等方面的理解。同时可以举办校园内部各个寝室楼之间、各个班级之间、各个宿舍之间的竞赛，如果谁能够在节能低碳方面做出更多的努力，可以给予各种形式

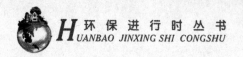

的奖励。通过这种方式形成良性循环，促进低碳理念的形成、传播和发展。

最后，在校园内，可以给学生开设有关低碳的各种课程，以必修课或是选修课的方式，利用课堂传播低碳知识，把低碳教育作为素质教育中一个重要组成部分落到实处。这种多角度、全方位的宣传方式能够强化低碳理念，为低碳校园的实际运作奠定思想基础。

青春校园的美好生活

第三章

低碳校园与节能照明

🌏 一、高效节能照明

低碳校园体现于方方面面，比如校园照明设施。应用高效节能照明，将是低碳校园画龙点睛的一笔。

照明消耗的能源，在工业发达国家约占本国能源总消耗量的3%~5%，电力生产量的10%~20%。中国和美国的照明耗电占各自总用电量的10%~12%和20%，尽管这一比例还不很大，但随着我国城镇建设的飞速发展和人民生活水平的提高，高效节能照明已成为当务之急。据估算，节约1kW发电容量的投资不到新增发电容量造价的20%，利用新技术开展节能照明的潜力很大。为此，国家有关部门自20世纪末开始大力推广"绿色照明工程"。所谓绿色照明，是指节约能源、保护环境，有利于提高人们生产、工作、学习效率和生活质量、保护身心健康的照明。实现"舒适、科学、方便、节能"的良好照明环境，就是绿色照明的目的。推广节能的新型光源，实现节能照明，是实施绿色照明工程的主要任务。

照明节能的主要技术措施首先是推广使用高光效光源，即能效高、寿命长、安全和性能稳定的光源。白炽灯价格较低，但发光效率较差。近几十年来，荧光灯技术不断进步，先后发展了紧凑型荧光灯以及高性能T8直管形荧光灯(功率从15W到58W)、T5

绿色照明

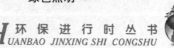

环保进行时丛书 HUANBAO JINXING SHI CONGSHU

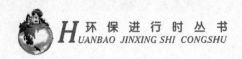

直管形荧光灯(功率从8W到42W)。紧凑型荧光灯由于外形、装饰性的限制，多用于替代中小功率白炽灯作局部照明，而配用电子镇流器的直管形荧光灯能适应工作环境的温度变化，还可以用于室外照明。其中T8荧光灯将在传统的荧光灯市场上逐步扩大市场份额，而T5荧光灯则将在新建建筑室内照明中更广泛地使用。

出口指示灯又称安全门灯，我国一般以荧光灯为光源，额定功率在13W左右，少部分以白炽灯为光源，额定功率在40W左右。目前国外采用发光二极管光源为出口指示灯的光源部件，不但可使出口指示灯在无电源供电情况下维持较长的使用时间，也使指示灯亮度大大提高，在烟雾较大时保持良好的指示功能。

宽大场所用的光源一般采用高强度气体放电灯。此种灯分为金属卤化物灯、高压钠灯和高压汞灯三大类型，都是利用弧光放电点灯。金属卤化物灯具有高演色性、高效率、长寿命和低光衰性能，功率选择范围大(18W～10kW)，可广泛用于户外及室内。而高压钠灯发光效率高、耗电少、寿命长、光色呈金白色，透雾能力强，适用于道路及广场照明。高压汞灯是目前用量较多的灯种，它与金属卤化物灯、高压钠灯相比，光效较低，发光颜色单调、显色性差、污染严重、寿命较短，应予逐渐淘汰。但自镇流高压汞灯可不用镇流器运行，初装费用相对较低，目前在中国农村有一定市场。

采用高效灯具。应该在满足眩光限制要求下，选择直射型灯具，室内灯具的效率不宜低

高效灯具

于70%，尽量少用格栅式灯具和带保护罩的灯具。室外灯具的效率不宜低于55%，还应根据不同的使用现场，采用控光合理、光通量维持率好以及光利用系数高的灯具。

荧光灯是一种能量转换灯具，在电能转换为光能的过程中，镇流器起着重要作用。过去常用的电感镇流器，结构简单，耐用可靠，价格低廉，但功率损耗很大。后来发展起来的电子镇流器，与电感镇流器比较，节约能源，自身的功率损耗仅为电感镇流器的40%左右，工作电流也仅为40%左右，温升少，重量轻，无噪声，无频闪，使灯管寿命延长，光效提高20%，可在低温、低压下工作，应大力鼓励发展。但从我国现实国情出发，现阶段还要以节能型电感镇流器作为过渡。

在照明设计中，应选择合理的照度标准值，按不同的工作区域确定不同的照度。照明要求高的场所采用混合照明方式，适当采用分区照明方式，在一些场合下也可采用一般照明与重点照明相结合的方式。

选用适当的控制方式，也可取得照明节能的成效。可充分利用天然光的照度变化选择照明控制方式，确定不同条件下照明点亮的范围。按照照明使用的特点，可采取分区控制灯光或设清扫用灯等措施；还可采用各种节电开关，如定时开关、调光开关、光电自动控制器、限电器、电子自控门锁节电器以及照明自控管理系统等。

还应充分利用天然光，如在建筑设计时考虑开顶部天窗采光，利用天井采光，利用屋顶采光等；可利用集光装置进行采光，如设反光镜，利用光导纤维、光导管等。

总的说来，节能照明主要为三个内容：照明设施、设计及管理。具体为以下五个方面：

（1）开发并应用高光效的光源；

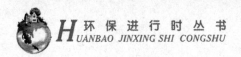

(2)开发并应用高效率灯具及配套的低能耗电器；

(3)合理的照明方式；

(4)充分利用天然光；

(5)加强照明节能的管理。

 ## 二、照明节电常识知多少

1.电光源的性能参数

(1)光和光谱

光源发出的光以电磁波的形式在空间传布。光的波长在380～780纳米范围内，人们对波长不同的光的反应就是不同的颜色。光源辐射的光往往由许多不同波长的单色光组成，把光线中不同强度的单色光按波长长短依次排列，称为光源的光谱。

(2)光通量

光源在单位时间内向四周空间辐射的能量叫光源辐射功率。光源在单位时间内向周围空间辐射出并引起视觉的能量称为光通量，用光通量表示，单位为流明（lm）。

光源辐射功率与光通量都是辐射功率的概念，它们的区别在于：光源辐射功率是光源在单位时间内向四周空间辐射的能量的总和；而光通量是单位时间光源发射并被人的眼睛接收的能量之总和，显然光通量仅仅是光源辐射全部能量中可见光部分的总和。

(3)发光效率

光源每消耗1W电功率所发出的光通量称为发光效率，单位为流明/

瓦特。

发光效率实际是光源将电能转化为可见光的效率，显然，发光效率数值越高表示光源的效率越高。从经济方面考虑，光效是评价电光源用电效率最主要的技术参数。光源单位用电功率发出的光通量越大，则电能转换光能的效率越高，即光效越高。

电光源是照明节电的主体部件，在能完成相同照明功能的条件下，要选用光效高的电光源替代光效低的电光源。

(4)发光强度

光源在给定方向上单位立体角内辐射的光通量，即称为光源在该方向上的发光强度，用I表示，单位为坎德拉（cd）。

一般来讲，光线都是向不同方向发射的，并且强度各异。单位立体角的光通量就叫作光强。

(5)照度

受照体在单位面积上接收的光通量，称为照度，用E表示，单位为勒克斯（lx）。

1lx相当于1m²被照面上光通量为1lm时的照度。夏季阳光强烈的中午地面照度约5000勒克斯，冬天晴天时地面照度约2000勒克斯，晴朗的月夜地面照度约0.2勒克斯。

照度是衡量物体被照明亮度的有关指标。照度与视力、生产率、事故率均有密切的关系。在一定范围内增加照度可以提高视力、提高劳动生产率，但照度并不是越高越好，照度不够和太高都会对眼睛造成伤害。不同的照度使人产生不同的感受：照度太低容易使人疲劳和精神不振；照度太高同样会引起视觉疲劳，损伤视力。

在工作环境中被观察对象的分布位置千差万别，若一个工作环境中有

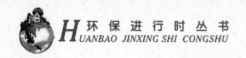
照度极不相同的表面，将会导致工作者视觉不适，容易引起视觉疲劳。因此希望工作区内的照度均匀或者变化平缓，这就需要规定一个最低的照度均匀度，以保护工作者的眼睛，保证工作质量。

(6)亮度

发光体在单位投影面积上的发光强度，称为发光体在该方向上的亮度，用L表示，单位为坎德拉/平方米(cd/m^2)。

人眼对于明暗的感觉不是直接取决于物体上的照度，而是决定于物体在眼睛视网膜上成像的照度。所以，确定物体明暗程度要考虑物体垂直于观察方向上的平面上的投影面积和物体（被照物体）在该方向上的发光强度。

亮度实际是表示眼睛从某一方向所看到物体反射光的强度。目前，许多国家以亮度作为衡量照明质量的一个重要评价指标。

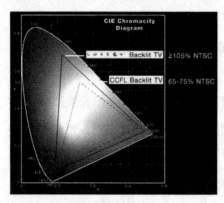

发光强度

为了形成舒适的照明环境，需要有适当的亮度和亮度分布。在室内亮度分布变化过大而且视线不固定的场所，眼睛由于到处环视，其适应的情况经常变化，从而引起眼睛的疲劳和不舒适；另一方面，过于均匀的亮度分布不但会降低物体的清晰度，而且使室内物品过于呆板，也不能令人满意。所以要创造一个良好的、使人舒适的视觉环境，需要选择适当的灯具和恰当地选择室内各表面的反射系数，以形成合适的亮度分布和相应的照度分布。高反射系数能充分利用光线，但过高的反射系数与高照度结合会使视觉不适，甚至产生眩光；而低反射系数不仅使光利用率降低，且在低照度下会形成低沉和压抑的气氛。

(7)色温

色温是电光源的技术参数之一。当热辐射光源的色品与某一温度下黑体（能全部吸收光能的物体）的色品完全相同时（对于气体放电光源为相似）黑体的温度，简称色温（对气体放电光源称为相关色温），单位为开(K)。

应该指出，色温是指黑体的温度而不是光源的温度。黑体的温度越高，光谱中蓝色的成分越多，而红色的成分则越少。例如：白炽灯的光色是暖白色，其色温表示为2700K左右，而日光色荧光灯的色温则是6000K左右。

(8)光色

光色实际上就是色温。光色是灯光颜色给人直观感觉的度量，与光源的实际温度无关。不同的色温给人不同的冷暖感觉，高色温有凉爽的感觉，低色温有温暖的感觉。一般地说，在低照度下采用低色温的光源会感到温馨快活；在高照度下采用高色温的光源则感到清爽舒适。在比较热的地区宜采用高色温冷感电光源，在比较冷的地方宜采用低色温暖感的电光源。因此，可根据各自的环境条件和爱好，选择适宜色温的电光源。色温与感觉的关系大致分为三类：暖色，小于3300K；中间色，3300～5000K；日光色，大于5000K。

由于光线中光谱的组成有差别，因此即使光色相同，灯的显色性也有可能不同。

(9)显色性和显色指数Ra

光源对被照物体显现颜色的性能称为光源的显色性。

光源的显色指数是指物体的颜色在待测光源照射下，与在另一相近色

温的黑体或日光参照光源照射下物体颜色相符合的程度。

显色指数是衡量光源显色性优劣或在视觉上失真程度的指标。国际上规定日光参照光源的显色指数为100。其他光源的显色指数均小于100，符号是Ra。颜色失真越少，显色指数Ra越高，表示光源的显色性好，反之显色性越差。

国际照明委员会(CIE)用显色指数把光源的显色性分为优、良、中、差4组作为判别光源显色性能的等级标准。

显色性是择用电源的一项重要因素，对于显色性要求很高的照明用途更是如此。例如，美术品、艺术品、古玩、高档衣料等的展示销售，为避免颜色失真，就不宜采用显色性比较差的电光源；但是，在显色性能要求不高，而要求彩色调节的场所，可利用显色性的差异来增加明亮提神的气氛。如汞灯以绿色为主，白炽灯以红光为主，它们分别照到绿色和红色物体上就更加鲜艳；对于追求装饰性和娱乐性的某些场合，可选择与装饰色调相匹配的灯种，或采用混合照明。

显色性是定性指标，显色指数是定量指标，它是衡量光源显现被照物体真实颜色能力的参数，光源的显色指数越高，对被照物体颜色的再现越接近自然原色。显色性和显色指数两者都反映了光源的显色能力。

光源的颜色特性主要表现在色温和显色能力（显色指数、显色性）两方面。光源按色温的不同使人产生冷暖感觉。通常人们认为太阳光的色温接近5000K，小于3300K的低色温光线能够营造温暖、柔和的气氛；大于5000K的色温光源给人以清凉、安静的感觉。光源的显色能力是指光源对物体照明后物体显现颜色的"真实程度"。由于人们习惯于在日光下生活、工作，特别是太阳光的颜色最丰富，因而认为日光下看到的物体颜色最真实。人造光源，特别是各种气体放电灯发出的光的颜色没有阳光丰富，显色能力较差。

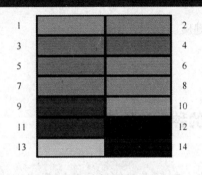

计算显色指数的色板

显色性计算板

(10)眩光

眩光是一种光污染。由于视野中的亮度分布或亮度范围的不适宜，或存在极端的对比，以致引起不舒适感觉或降低观察细部或目标的能力的视觉现象。当选择光源不当、选择灯具不当或光源与灯具应用不当时，往往产生眩光。

照明的目的就是给周围的各种物体以适宜的光照和光分布，使视觉能正确感知观察的对象和确切了解所处的环境。人眼需要的最佳照明条件中，照度、亮度、色温、显色能力、眩光几个因素是非常重要的。

2.照明对生理规律的影响

最近10年人们发现，人体内有一个与眼睛和生物钟相连的独立于视觉的系统。在室内环境下，眼睛对光照亮度的需求是现有标准的5～20倍。因而，如何满足眼睛对光的需求，成为现今光源发展所关注的焦点。当人们强迫自己完全背离生物钟的节奏工作和生活时，如在夜间工作或是跨越五六个时区飞行时，会引起生理循环紊乱，但是，越来越多的科学迹象证明：眼睛接受的光线不足（这里指与日照条件相比），同样会引起生理循环紊乱，影响人类的行为和健康。这是因为人体的生物钟是在光的作用下自然进化而成的机体组织。如果白天光照不充足，夜间光照时间过长，使得生物钟接受错误指令，打乱了人类原有的在自然条件下形成的生理循环规律，则使人无法正常工作。

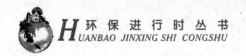

调查表明，白天在办公室工作的人倾向于符合日照循环率的光照，这与照明工业和推广节能所提倡的维持光亮度不变的自然光加照明系统恰恰相反。可以说，从多方面来看，视觉光线就好像维生素，人们都需要它，如果不能确保经常得到满足，将会影响健康。

三、电光源的种类与特征

电气照明是最先进的现代照明方式，它是由电能转化为可见光能而发出光亮。电气照明灯具包括电光源和照明器具两个部分。电光源指发光的器件，如灯泡和灯管等，器具包括引线、灯头、插座、灯罩、补偿器、控制器等等。照明节电与整个照明灯具的选择、安装和使用都有直接的关系，这里重点讨论电光源，它是照明节电的主要器件。

照明电光源的分类方式有多种，按电光转换机理分类有两种：一种是热辐射光源，另一种是气体放电光源。

热辐射光源

热辐射光源是依靠电流通过灯丝发热到白炽灯程度而发光的电光源。

1. 白炽灯

普通白炽灯是一种使用最早、最多的电光源，它的使用几乎遍及了照明的各个领域。普通白炽灯的显色性好、体积小巧、光谱连续、不需镇流器、结构简单、易于制造、价格低廉、使用方便，是应用最广的灯种。但一般白炽灯光效每W电只能发出7～15lm的光，能量转换效率低，大部分能量转化为红外辐射损失，可见光不多。并且，白炽灯寿命一般只有1000小时。白炽灯光效低、寿命短的缺陷，在能源日趋紧张的今天必然成为首先被节能光源替换的产品。

近些年发展起来的涂白白炽灯、氪气白炽灯和红外反射膜白炽灯，在提高发光效率和延长使用寿命方面有了进一步的改善。涂白白炽灯是在灯泡的玻璃壳上涂以白色的无机粉末，可提高5%的发光效率，而且比普通白炽灯发光柔和、感觉舒适。氪气白炽灯是以导热率低的氪气替代普通白炽灯的氩气和氮气等惰性气体作为充填气，可减少灯丝的热损失和气化速率，发光效率可提高10%，使用寿命能延长一倍。红外线反射膜白炽灯是在灯泡玻璃表面镀上透光的红外线反射膜，把灯丝反射的红外线再反射回

白炽灯

灯丝，借提高灯丝温度来提高发光效率，可节电1/3以上。这些新的白炽灯种，依靠在光效和寿命方面的优势，正在部分地取代普通白炽灯。

2. 卤钨灯

卤钨灯是一种在灯泡内含有一定比例卤化物的改进型白炽灯。普通白炽灯在使用过程中，由于从灯丝蒸发出来的钨(W)沉积在灯泡内壁上导致玻璃壳体黑化，降低了透光性，使发光效率逐步下降，也减少了钨丝的使用寿命。卤钨丝在灯泡内除充填惰性气体外，还充入少量的卤族光素，如氟(F)、氯(Cl)、溴(Br)、碘(I)或与其相应的卤化物，使它在灯泡内形成卤

钨再循环过程，以防止钨沉积在玻璃内壳上，降低灯丝的老化速度。卤钨灯与普通白炽灯相比，发光效率可提高30%左右，高质量的卤钨灯寿命提高到普通白炽灯寿命的3倍左右，在公共建筑、交通和影视照明等方面得到了广泛的应用。

气体放电光源

气体放电光源是电极在电场作用下，电流通过一种或几种气体或金属蒸气而发光的电光源。气体放电光源的电弧具有负的伏安特性，即电压随电流的增加而下降，为使灯稳定地工作，在电路上安装了镇流器，它要同时消耗有功和无功功率，为了灯的启动还加装了启辉器等电气附件。值得重视的是，要注意减少和防止这种灯在生产过程中和在灯泡灯管废弃物中汞等重金属对环境的污染。气体发电光源的种类繁多，按充气压力大小可分为两大类：一类是低压气体放电灯，另一种是高压气体放电灯。高压气体放电灯主要有高压汞灯和高压钠灯，高压汞灯中使用最多的是荧光高压汞灯和金属卤钨物灯两种。低压气体放电灯主要有荧光灯和低压钠灯，在荧光灯中使用最多的是直管型、环管型和紧凑型荧光灯三种。气体放电光源比热辐射光源的发光效率高得多，应用广泛，市场占有率还在不断提高。

荧光灯

1．荧光灯

荧光灯是利用低压汞(Hg)蒸气放电产生的紫外线，去激发涂在灯管内壁上的荧光粉而转化为可见光的电光源，又称日光灯。它的发光效率是普通白炽灯的3倍多，使用寿命差不多是普通白炽灯的4倍，而且灯壁温度很低，发光比较均匀柔和。它的缺点是在使用电感镇流器时的功率因数颇低，还有频闪效应。荧光灯的应用领域极为广泛，仅次于白炽灯，是替代低效白炽灯的主要灯种。

直管荧光灯有两种类型：一种是粗管灯，也就是普通直管灯，灯管标称直径38mm；另一种是细管灯，它是一种新型管灯，标称直径26mm。细管灯是应用最多的细管灯种。粗管灯的灯管内壁一般涂以卤磷酸盐荧光粉，细管灯的灯管内壁涂以三基色荧光粉。三基色荧光粉能把紫外线转换成更多的可见光，因而细管灯比粗管灯的发光效率高。标称直径26mm的细管灯可直接使用标称直径38mm粗管灯的灯头插座，可以用电感镇流器，也可以用电子镇流器，用细管灯来替代粗管灯非常便利，是替代普通粗管灯进一步提高光效的直管灯种。

紧凑型荧光灯是镇流器和灯管一体化的新型电光源，由于灯管造型和结构紧凑而得名。它可以配电感镇流器，也可以配电子镇流器，我国常把配上电子镇流器的紧凑型荧光灯称为电子节能灯。这种灯使用三基色荧光粉，可获得很高的发光效率，再配上低功耗的电子镇流器，可以获得明显的节电效果。紧凑型荧光灯的显色性好，大幅度地改善了频闪效应，提高了启动性能，兼有白炽灯和荧光灯的主要优点。紧凑型荧光灯可直接安装在白炽灯的灯头上，在同样光通量下可节电70%～80%，是替代白炽灯最理想的电光源。

2. 高压汞灯

高压汞灯是利用汞放电时产生的高气压获得可见光的电光源，它在发光管的内部充有汞和氩气，有的在内壳上涂以荧光粉，有的是完全透明的。它的发光效率与普通荧光灯差不多，使用寿命却比较长。它的缺点是显色性差些，发出蓝绿色的光，缺少红色成分，除照到绿色物体上外，其

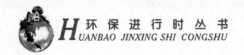

他多呈灰暗色，而且不能瞬时启动。

高压汞灯多应用在高照度的照明场所，如高大厂房、体育场馆、仓储货栈、公路街道、广场、车站、码头、停车场、立交桥、交易市场等等，是在公共场合应用很广的一个灯种。

3. 金属卤化物灯

金属卤化物灯是通电后，使金属汞(Hg)蒸气和钠(Na)、铊(Tl)、铟(In)、钪(Sc)、镝(Dy)、铯(Cs)、锂(Li)等金属卤化物分解物的混合体辐射而发光的电光源。它是在高压汞灯的基础上发展起来的一个新灯种，在高压汞灯内添加金属卤化物，结构与高压汞灯相似。

金属卤化物灯比高压汞灯的发光效率高得多，显色性也比较好，使用寿命也比较长，为避免影响光电特性，使用中有位置朝向要求。

金属卤化物灯除可替代高压汞灯外，还可以用在要求显色性较好的场所，如展示厅、美术馆、康乐中心、大型公园、宾馆酒楼的室外照明等。小功率的金属卤化物灯也可作为在没启动性能要求的住宅和办公楼的室内照明，用以替代低效白炽灯。

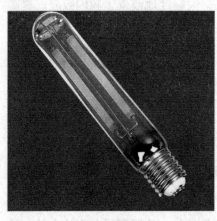

高压钠灯

4. 高压钠灯

高压钠灯是利用高压钠蒸气放电发光的电光源。它在发光管内除充有适量的汞和氩(Ar)气或氙(Xe)气外，还加入过量的钠，钠的激发电位比汞低，以钠的放电发光为主，所以称为钠灯。

高压钠灯发出的是金黄色的光，是电光源中发光效率很高的一种电光源。

它的发光效率比高压汞灯要高出1倍左右，使用寿命也比高压汞灯要长些。它的主要缺点是显色性差，但已有比普通型高压汞灯显色性好的改进型和高显色性钠灯问世。普通高压钠灯主要用于对光色要求较低的场所，已被广泛地应用在学校、体育场馆和康乐场馆等地方，在许多场合，高压钠灯可替代高压汞灯来节约照明用电。

5．低压钠灯

低压钠灯是利用低压钠蒸气放电发光的电光源，在它的玻璃外壳内涂以红外线反射膜，是光衰较小和发光效率最高的电光源。低压钠灯发出的是单色黄光，显色性很差，用于对光色没有要求的场所。但它的透雾性好，能使人清晰地看到色差比较小的物体。为保证正常工作和避免缩短使用寿命，点燃时不宜移动，尽量减少开闭次数。低压钠灯也是替代高压汞灯节约用电的一种高效灯种，应用场所也在不断扩大。

四、学校灯具和配套电器

在学校节能照明中一个常常易被人们忽视的问题是：使用气体放电光源的镇流器本身的能耗。

镇流器是气体放电灯用于启动和限流的控制器件，由于气体放电灯具有负伏安特性，要配以镇流器来启动灯的放电和限定灯内惰性气体电离升温并使水银蒸气压上升，当电子轰击汞蒸气放电后生成的紫外线激发荧光灯而发光，启动完成后镇流器起限流器的作用，使灯开始正常工作。常用的镇流器是电感镇流器。

电感镇流器是一个高感抗和高电阻的器件，一直串联在电路中与

青春校园的美好生活

灯一起工作，不但要消耗有功功率，还要消耗无功功率，功率因数也很低，致使照明用电效率下降。电子镇流器与普通电感镇流器相比，具有有功消耗少、功率因数高、点燃速度快、无噪声干扰等优点，节电率高达75%左右，功率因数可由0.5左右提高到0.9以上。同时，由工频50Hz提高到25～40kHz高频供电，频闪效应微乎其微，有利于视力保护和生产安全，极大地减轻了视觉疲劳并减少了人身受伤害的机会。在视力健康要求较高的场合或在旋转机械作业的场所，最好不用电感镇流器。

值得注意的是，市场上销售的产品优劣并存，良莠不齐，使用电子镇流器，特别是紧凑型荧光灯，除要关注有效期外，还要防止高次谐波，尤其是防止三次谐波对电网的污染，大量使用质量低劣的产品有可能烧毁灯具，威胁其他用电设备的安全运行。

目前各国都在研究开发品质优良、可靠性好、能耗低的电子镇流器以及低能耗的电感镇流器。以一支40W/36W普通荧光灯电感镇流器为例，其自身功耗为8～10W，节能型电感镇流器功耗降为5W左右，超节能电感镇流器能耗低达3.5W，接近于电子镇流器水平。为了进一步节约照明用电，美国首先推出了室内大量使用的直管荧光灯镇流器能效标准，我国也开始实施管形荧光灯镇流器能效限定值及节能评价值。

五、清华大学节能改造分析

清华大学是著名的高等学府，总建筑面积130多万m²，共有31个院系、41个研究所，在校生2万多人。为提高学校学生宿舍的照明质量，改善照明条件，使学生能够在舒适、明亮的环境中学习和休息，学校决定对校内宿舍的照明设施进行改造。每间宿舍照明原采用两只30~40W、T10普通直管型荧光灯，配置电感式镇流器，校舍楼道走廊采用40W白炽灯。

1．存在的主要问题

①原有的日光灯管亮度不够，宿舍桌面照度仅为110~120勒克斯，而且由于灯管光衰大，桌面照度还会进一步降低；

②电感镇流器启动电压范围小；

③噪声较大，妨碍阅读和休息，光源有明显的频闪，出现眼疲劳、烦躁等不良感觉；

④照明能耗高；

⑤更换光源的工作量大。

2．改造方案

①将原有的6000只30W/T10卤粉日光灯管全部更换为30W/T8三基色日光灯管，将原来的电感式镇流器全部更换为高功率因数的电子镇流器；

②将3000只楼道照明用白炽灯更换为YP2220/18-2U、双U18W/6400K紧凑型节能荧光灯。

3．改造结果

①校舍内的桌面照度提高，改善了学习环境。桌面原照度为110~120勒克斯，改造后照度提高到150~160勒克斯。

②光源无噪声、无频闪，消除了学习过程中出现的眼疲劳、心情烦躁等不良感觉，且节能效果明显。以26号楼为例，改造前使用408套日光灯及157只40W白炽灯，10月份用电23880kWh，改造后11月份用电20760kWh，月节电约3120kWh。

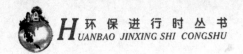
青春校园的美好生活

4. 改造结论

①经过半年的使用，校方认为更换后的产品性能优良，无频闪，无噪音，减轻了学生们眼疲劳、烦躁等不良感觉，保护了学生们的身体健康。

②改造后优良的效果得到了学校和学生的认可，产品不仅性能稳定、不良品率低、返修率低，而且节电效果明显。

第四章

校园室内环境与碳排放

一、教室内声环境低碳化

理想的声学环境需要的声音（如讲话、音乐等）能高保真，而不需要的声音（即噪声）不会干扰人的工作、学习和生活。随着城市化进程的加快，噪声已成为现代化学习和生活中不可避免的副产品，其影响面非常广，几乎没有一个城市居民不受噪声的干扰和危害，所以建筑声环境质量保障的主要措施是对振动和噪声的控制。学校噪声控制的基本目的是创造一个良好的室内外声环境，因此，建筑物内部或周围所有声音的强度和特性都应与空间的要求相一致。

1. 声音的度量和人耳的听觉特征

声波　从物理学的观点来讲，声音是一种机械波，是机械振动在弹性媒质中的传播，所以也称声波。

声波通过空气或其他弹性介质传播时，介质质点只是在平衡的位置附近来回振动。

声功率　声功率是指声源在单位时间内向外辐射的声能。声源的声功率指在全部可听范围所辐射的功率，或指在某个有限频率范围所辐射的功率（通常称为频带声功率）。

在建筑声学中，声源辐射波的声功率大都认为不因环境条件的不同而改变，并把它看

室内声环境

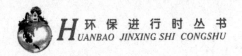

青春校园的美好生活

成是属于声源本身的一种特性。

声强声波的大小或强弱也可用声强来表示。声强为单位时间内通过垂直于传播方向单位面积内的平均声能量，故声强具有方向性，是一个矢量。如果所考虑的面积与传播方向平行，则通过此面积的声强就为"零"。

声压　声波在传播过程中，媒质中各处存在稀疏和稠密的交替变化，因而各处的压强也相应地产生变化。没有声波时，媒质中有静压强，有声波传播时，压强随声波频率产生周期性变化；其变化部分，即有声波时的压强与静压强之差称为声压。

分贝　　如果人耳能感受的声音的强弱直接用声压、声强或声功率来表示，则计量范围会过宽，使用中会很不方便；再则，声音强弱只具有相对意义，人的听觉系统对声音强弱的响应接近于对数关系，所以在工程实践中，通过将声音与选定的某种基准声音比较，并取二者声压、声强或声功率相对比值的常用对数，用于计算该声音强弱的级别，分别称为其声压级、声强级或声功率级。这种"级"的对数标度方法也称为分贝标度，记为dB。分贝标度大体适合于人类对声音响度变化的感觉，用它作为单位度量声音十分方便。

2. 与噪声有关的听觉特征

掩蔽效应　人耳在倾听一个声音的同时，如果存在另外一个声音，就会影响人耳对声音的听闻效果，为了保持听闻效果不变，就必须提高所听声音的声压级，这种由于另一个声音的存在而使人耳听觉灵敏度下降的现象，称为掩蔽效应。闻阈提高的声压级数量称为掩蔽量，提高后的闻阈称掩蔽阈。因此，在噪声环境下，一个声音要能被听到，其声压级必须大于掩蔽阈。在高噪声作用下，人耳听觉困难，被迫提高所听声音的声压级，会形成不舒适的声环境。

听觉疲劳和听力损失　人耳在高声级环境中保持一段时间，会出现闻阈提高的现象，即听力有所下降。如果这种情况持续时间不长，回到安静的环境中后听力会逐渐恢复。这种暂时性的闻阈提高的现象称为听觉疲劳。如果闻阈的提高是不可恢复的，则称为听力损失。当人耳暴露于极强的噪声中，还会造成内耳器官组织的损害，导致一定程度的永久性听力损失，严重的甚至出现耳聋，这称为声损伤。人如果长期在噪声环境下生活，还会出现随年龄增加听力逐渐衰退的现象。

暂时性闻阈提高值随声压级提高和暴露时间增加而增大。为避免出现闻阈提高现象，人耳暴露在噪声环境下不宜声压级过大。一般情况下在250~500Hz倍频带时，噪声级应小于75dB；在1000~4000Hz时，噪声级应小于70dB。国际标准化组织建议以85~90dB(A)的等效声压级作为

不良的室内声环境会造成听觉疲劳

不致产生永久性听力损失的噪声级上限。如果长期处于超过90dB(A)的强噪声环境中，听觉疲劳难以消除，就可能造成永久性听力损失。

声波透射到建筑材料或部件时引起的声吸收取决于材料的有关特征及其表面状况、构造等。材料的吸声效率是用它对某一频率的吸声系数来衡量的。而材料的吸声系数是指被吸收的声能（即没有被表面反射的部分）与入射声能之比a来表示的。如果声音被全部吸收，则a=1；部分被吸收，则a<1(我们可以从专业书籍中查找到常用建筑材料和特殊吸声构造的吸声系数值)。材料的吸声量与表面面积成正比。

声透射　声波入射到建筑材料或建筑部件时，除了被反射、吸收的能量外，还有一部分声能透过建筑部件传播到另一侧空间去。从入射声波

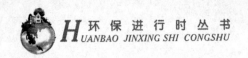
青春校园的美好生活

所在的空间考虑，在声波入射到界面后，除了反射波外，其余部分的声能已经不存在了，但是，在消失的能量中，包括了被吸收的部分和透过的部分，吸收和透过的部分各占多少比例则随材料的有关特征而异。

声扩散

声波在传播的过程中，如果遇到一些凸形的界面就会被分解成许多小的比较弱的反射声波，这种现象称为扩散。声波的适当扩散可以促进声音在室内均匀分布和防止一些声学缺陷的出现。

声音的衰减

(1)距离引起的衰减人们可以感觉到，离噪声源越远，噪声越小；反之亦然。这是因为噪声在传播过程中会衰减。

(2)扩散引起的衰减声源在辐射噪声时声波向四面八方传播，波阵面随距离增加而增大，声能分散，因而声强（或声压）将随传播距离的增加而衰减。这种由于波阵面扩展而引起声强（或声压）减弱的现象称为扩散衰减。

(3)空气吸收引起的衰减声波在空气中传播，由于空气中相邻质点的运动速度不同而产生黏滞力，使声能转变为热能。声波传播时，空气产生压缩和膨胀的变化，相应地出现温度的升高和降低。温度梯度的出现将以热传导方式发生热交换，声能转变为热能。一定状态下，分子的平动能、转动能和振动能处于一种平衡状态；当有声扰动时，这三种能发生变化，打破原来的平衡，建立新的平衡，这需要一定时间。

这三种因素是导致声音衰减的主要原因。

3. 舒适的声环境

舒适的声环境是指无噪声干扰且音质良好的声环境，是舒适并有利于人身心健康的声环境。房间的音质问题主要是针对大空间而言，但对人体健康来说，噪声的危害极大，因此，噪声问题应该是营造健康舒适的声环境的关键。我们除了对需要听的声音要求听得清楚、听得好之外，对于不需要听的声音，特别是噪声，则希望尽可能地降低，以减少其干扰。

在住宅建筑和公共建筑中的办公建筑、商场建筑和旅馆建筑中，我们要营造良好的室内声环境就是要依据我国有关规范，采取有效的隔声、减噪措施，合理安排建筑平面布局和空间功能，减少相邻空间的噪声干扰以及外界噪声对室内的影响等措施。

4．校园噪声控制

（1）城市区域的环境噪声标准

绿色声环境的首要因素是对人耳听力无伤害，但在规模日益扩大的城市区域内，噪声源的数量和强度都在急剧增加，使市区内声环境恶化，不仅使人们失去了安静的户外活动空间，也给创造健康舒适的室内声环境带来极大的困难。

（2）室内吸声减噪

由于总体布局和其他原因，利用上述环境噪声控制的措施无法实现时，可以在建筑物内装置吸声材料以改善室内的听闻条件和减少噪声的干扰。在室内产生的噪声可以达到一定的声压级，这个声压级与室内的吸声条件有很大的关系。如果室内的界面有足够的吸声材料，

教学楼长廊

则混响声的声压级就可以得到显著的减弱，而且任何暂态噪声也就很快被吸收（就空气声而言），因此室内就会显得比较安静。对于相邻房间的使用者来说，室内混响声压级的高低同样有重要的影响。因为声源的混响声压级决定了两个相邻房间之间的隔声要求，所以降低室内混响噪声既是为了改善使用者所处的空间的声环境，也是为了降低传到临室区的噪声。

在走道、休息厅、门厅等交通和联系的空间，结合学校建筑装修适当使用吸声材料很有好处。如果对窄而长的走道不做吸声处理，这种走道就起着噪声传声筒的作用；如果在走道的顶棚及侧墙的墙裙以上做吸声处理，就可以使噪声局限在声源附近，从而阻碍走道的混响声声压级。

（3）建筑隔声

许多情况下，可以把发声的物体或把需要安静的场所封闭在一个小的空间内，使其与周围环境隔离，这种方法称为隔声。例如，可以把鼓风机、空压机、球磨机和发电机等设备放置于隔声良好的控制室或操作室内，使其与其他房间分隔开来，以使操作人员免受噪声的危害。此外，还可以采用隔声性能良好的隔声墙、隔声楼板和隔声门窗等，使高噪声车间与周围的办公室及住宅区等隔开，以避免噪声对人们正常生活与休息的干扰。

建筑围护结构的隔声性能分为两类：一类是空气声隔声性能，用空气计权隔声量来衡量，某一构件的空气计权隔声量越大，该构件的空气隔声性能就越好；另一类是抗撞击性能，用计权标准化撞击声声压级来衡量，某一构件的计权标准化撞击声声压级值越小，该构件的抗撞击声性能就越好。

阻隔外界噪声传入室内要依靠提高外墙和外窗的空气声隔声性能，由于我国建筑基本上都是混凝土之类的重质结构，重质外墙的空气声计权隔声量一般都比较大，所以外窗的空气声隔声性能是关注的焦点，尤其是沿街的外窗。

在一栋建筑内上下左右单元邻居间的声音干扰，除空气声传播的噪声外，还有撞击引起的噪声，最典型的撞击声噪声就是上层邻居走动所引起的楼板撞击。在规范中，对建筑的分户墙、走廊和房间之间的隔墙等提出了最小的空气计权隔声量要求，而且还提出了最大计权标准化撞击声声压级的要求。一般情况下，在建筑中（尤其是在居住建筑中）谈及室内声环境，最受人诟病的常常是楼板的抗撞击声性能差。

5．建筑隔振与消声

(1)振动。现代建筑的内部和周边常常配置了许多机械设备，例如电梯、水泵、风机、冷却水塔等，这些设备以及附属的管道在为建筑的使用者带来便利的同时，又是一个个噪声源，因此在设计和安装这些设备和管道时，一定要注意隔振降噪。振动的干扰对人体、建筑物和设备都会带来直接的危害。

振动对人体的影响可分为全身振动和局部振动。全身振动是指人体直接位于振动物体上时所受到的振动；局部振动是指手持振动物体时引起的人体局部振动。人体能感觉到的振动按频率范围分为低频振动、中频振动和高频振动。对于人体最有害的振动频率是与人体某些器官固有频率相吻合的频率，这些固有频率为：内脏器官在8Hz附近；头部在25Hz附近；神经中枢在250Hz附近。

对于振动的控制，除了对振动源进行改进，减弱振动强度外，还可以在振动传播途径上采取隔离措施，用阻尼材料消耗振动的能量并减弱振动向空间的辐射。因此，振动的控制方法可分为隔振和阻尼减振两大类。

(2)振动的隔离。机器设备运转时，其振动一方面可以通过基础向地面四周传播，从而对人体和设备造成影响；另一方面，由于地面或桌子的振动传给精密仪器而导致工作精密度下降。为了降低振动的影响，可在仪器设备与基础之间插入弹性元件，以减弱振动的传递。隔离振动源（机

器）的振动向基础的传递，这称为极隔振；隔离基础的振动向仪器设备甚至是房屋（如消声室）的传递，称消极隔振。隔振的主要措施是在设备上安装隔振器或隔振材料，使设备与基础之间的刚性连接变成弹性连接，从而避免振动造成的危害。隔振器主要包括金属弹簧、橡胶隔振器、空气弹簧等。隔振垫主要有橡胶隔振垫、软木、酚醛树脂玻璃纤维板和毛毡。其中，由于金属螺旋弹簧有较大的静态压缩量，能承受较大的负荷，弹性稳定且经久耐用，因而在工程实践中得到广泛应用。

电梯井周围房间内的噪声，主要是拽引机运行时的振动、电梯引导系统的滑动导靴或滚动导靴沿轨移动时的振动经建筑结构传播而引起的固体声。在拽引机底盘下面和居承重梁之间设置减振装置，在电梯导轨井壁之间设置减振垫，可以有效地减小电梯噪声。

水泵、风机的振动有三个传播途径：一是通过设备基础将振动传递给建筑结构；二是通过进、出水管，风管传递振动；三是通过水管、风管的支撑将振动传递给建筑结构，因此，控制水泵、风机的噪声除了密闭水泵、风机机房外，另一个关键就是要采取隔振措施，阻止振动传向建筑物。

针对水泵、风机振动的三个传播途径，通过在水泵、风机基座下加隔振器，在水泵、风机进出口配置软接管，在风管中插装消声器，用弹性支撑承托水管、风管等措施，可以获得明显的隔振降噪效果。

选择水泵、风机隔振措施时，应将水泵、风机的位置也作为隔振措施的一个重要方面加以考虑，最好在楼外单独建水泵、风机房。若必须将水泵、风机装于楼内，应尽可能将水泵、风机装在最底层（包括地下层）的地面上，尽量避免水泵、风机装在楼板上，因为楼板的质量、刚度比底层地面小，引起楼板振动比引起地面振动容易。

(3)阻尼减振。金属薄板本身阻尼很小，而声辐射效率很高，降低这种振动和噪声，普遍采用的方法是在金属薄板结构上喷涂或粘贴一层高内阻的黏弹性材料，如沥青、软橡胶或高分子材料，让薄板振动的能量尽可能多地耗散在阻尼层中。

阻尼材料和阻尼减振措施：用于阻尼减震的材料必须是具有很高的损耗因子的材料，如上述的沥青、天然橡胶、合成橡胶、涂料和很多高分子材料。在振动板件上附加阻尼的常用方法有自由阻尼层结构和约束阻尼层结构两种。

二、教室内光环境低碳化

良好的室内光环境也是良好的室内环境质量的重要组成部分，学生只有在良好的光环境下才能进行正常的工作、学习和生活。舒适的室内光环境不仅可以减少人的视觉疲劳，提高劳动生产率，对人的身体健康特别是视力健康有直接影响，特别是对于身体正处于发育时期的中、小学生来说，若教室和居住处的采光条件不好，对其视力和生理健康的影响将十分严重。另外，光线不足，会使工作效率降低，并易导致事故发生。因此，建筑营造绿色健康的室内光环境是很有意义的。

室内光环境低碳化

1. 光的性质和度量

（1）光通量

辐射体以电磁辐射的形式向四面八方辐射能量，在单位时间内辐射体

辐射的能量称辐射功率或辐射能量。由于人眼对不同波长的电磁波具有不同的敏感度，因此不能直接用光源的辐射功率或辐射通量来衡量光通量，必须采用以人眼对光的感觉量为基准的单位，即光通量来衡量。

(2)发光强度

光通量是表述光源向四周空间发射出的光能总量，而不同光源发出的光通量在空间的分布是不同的。例如悬吊在桌面上空的一盏100W白炽灯，发出1250lm的光通量。但是用不用灯罩，透射到桌面的光通量就不一样。加了灯罩后，灯罩将向上的光向下反射，使向下的光通量增加，因此我们就感到桌面上亮一些。这个例子说明只知道光源发出光通量总量还不够，还需要了解表征它在空间的光通量分布状况，就是光通量的空间分布密度，这个也称作发光强度。

(3)照度

对于被照面而言，常用落在单位面积上的光通量的数值表示它被照射的强度，这就是通常所说的照度，它表示被照面上的光通量密度。照度可以直接相加，几个光源同时照射被照面时，其照度为单个光源分别存在时形成的照度的代数和。

(4)亮度

亮度是发光体在视线方向上单位投影面积发出的发光强度，是表征某一正在发射光线的表面明亮程度的物理量。

为形成良好的视觉环境，要求各个表面之间有一定的亮度对比，但若视野内不同表面间的亮度对比过大，也会使人眼很快疲劳。为了达到环境亮度的平衡，必须同时考虑照度和反光系数。表面受到的照度高时，应采用低反光系数的材料；反之，若表面照度较低时，可采用高反光系数的材料。

2. 视觉与光环境

(1)眼睛的生理特点

我们研究的光是能够引起人视觉感觉的那一部分电磁辐射，其波长范围为380～780nm。波长大于780nm的红外线、无线电波等，以及小于380nm的紫外线、X射线等，人眼都感觉不到。由此可见，光是客观存在的一种能量，与人的主观感觉密切相关。

3. 舒适的室内光环境

视觉是人体各种感觉中最重要的一种，大约有87%的外界信息是人依靠眼睛获得的，并且75%～90%的人体活动也是由视觉引起的。良好的光环境是保证视觉功能舒适有效的基础。那么什么是良好的光环境？

人们可以不必通过意识的作用强行将注意力集中到所要看的地方，就能不费力气而清楚地看到所有搜索的信息，获得的信息与实际情况相符合，背景中也没有视觉"噪声"干扰注意力。对人体生理健康和心理状态均有益的绿色光环境，不仅要根据房间使用性质达到行之有效的照度和亮度，室内光分布也至关重要，它直接关系到工作效率和室内气氛。舒适健康的光环境包括易于观看、安全美观的亮度分布和眩光控制、照度均匀度控制等。良好的光环境的基本要素可以通过使用者的意见和反映得到。

(1)适当的照度水平

研究人员曾对办公室等工作场所在各种照度条件下感到满意的人数百分比做过大量调查，发现随着照度的增加，感到满意的人数百分比也在增加，最大百分比约处在1500～3000lx之间；照度超过此数值，对照度满意的人反而减

舒适的教室光环境

青春校园的美好生活

少，这说明照度或亮度要适量。这是因为物体亮度取决于照度，照度过大，会使物体过亮，容易引起视觉疲劳和眼睛灵敏度的下降。因此，对于人眼而言，存在着最佳亮度。

（2）合理的照度分布

人眼的视野很宽。在工作房间里，除了视看对象外，工作面、顶棚、墙、窗户和灯具等都会进入视野，这些物体的照度分布对比构成人眼周围视野的适应亮度。若照度不均匀，视场中各点照度相差悬殊时，瞳孔就会经常改变大小以适应环境，引起视觉疲劳，影响工作效率和休息娱乐的舒适度与人体健康。

原则上，任何照明装置都不会在参考面上获得绝对均匀的照度值。考虑到人眼的明暗视觉适应过程，参考面上的照度应该尽可能均匀，否则很容易引起视觉疲劳。为避免明暗适应过程造成的视觉疲劳，一般要求空间照度的最大值、最小值与平均值的差值不超过平均照度的1/6，最低照度与平均值之比不低于0.7。上述要求可通过灯具的布置加以解决。

（3）光源的色表与色温

光源的颜色质量常用两个性质不同的术语来表征，即光源的表观颜色（色表）和显色性，后者是指灯光所照射的物体颜色的影响作用。光源色表和显色性都取决于光源的光谱组成，但不同光谱组成的光源可能具有相同的色表，而其显色性却大不相同。同样，色表完全不同的光源也可能具有相等的显色性。因此，光源的颜色质量必须用这两个术语同时表示，缺一不可。另外，颜色问题是较为复杂的问题，颜色量不是一个单纯的物理量，还包括心理量。

（4）照明数量

我们观看物体的清晰程度与物体的尺寸、识别物体与背景的亮度对比、识别物体本身的亮度等因素有关。照明设计标准就是根据需要识别物体尺寸的大小、物件与背景亮度的对比以及国民经济发展的水平而规定了必要的物体的亮度。

4．自然采光

通常认为，建筑室内光环境采光设计应当从两个方面进行评价，即是否节能和是否改善了建筑内部环境的质量。首先，良好的光环境可利用自然光和人工光创造，但单纯依靠人工光源（通常多为电光源）需要耗费大量常规能源，间接造

自然采光

成环境污染，不利于生态环境的可持续发展；而自然采光则是对自然能源的利用，是实现可持续建筑的路径之一。其次，窗户在完成自然采光的同时，还可以满足室内人员的室内外视觉沟通的心理需求。而且无窗建筑虽易于达到房间内的洁净标准，并且可以节约空调能耗，但不能为工作人员提供愉快而舒适的工作环境，无法满足人对日光、景观以及与外界环境接触的需要。所以，室内光环境设计要优先考虑自然采光。

5．人工照明

自然光具有很多优点，但它的应用受到时间和地点的限制。建筑物内不仅在夜间必须采用人工照明，在某些场合，白天也需要人工照明。人工照明的目的是按照人的生理、心理和社会的需求，制造一个人为的光环境。人工照明主要可分为工作照明（或功能性照明）和装饰照明（或艺术性照明）。前者主要着眼于满足人们生理上、生活上和工作上的实际需要，具有实用性目的；后者主要满足人们心理上、精神上和社会上的

青春校园的美好生活

观赏需要，具有艺术性的目的。在考虑人工照明时，既要确定光源、灯具、安装功率和解决照明质量等问题，还需要同时考虑相应的供电线路和设备。

三、教室内热湿环境低碳化

1．热湿环境的相关概念

教室内热湿环境是指影响人体冷热感觉的室内环境因素，主要包括室内空气温度和湿度，室内空气流动速度以及室内屋顶墙壁表面的平均辐射温度等。

一般来说，空气温度和湿度以及流动速度最容易被人体所感知，因此对人体热舒适感产生的影响也最为显著。但室内屋顶、墙壁等内表面温度会对人体形成环境辐射，对人体的热舒适感也会产生影响。

室内热湿环境可以靠空调采暖系统来调节和维持，但要以付出巨大的能耗作为代价。事实上，现代建筑已经出现了片面依赖机械设备和系统的现象。绿色建筑不能一味地强调舒适，尤其不能片面地靠空调采暖系统来调节和维持，而是应该强调"适宜"的热舒适，尽可能通过精心设计，通过提高围护结构的热工性能，降低室内热湿环境对机械设备和系统的依赖程度。

以下是有关室内热湿环境的几个基本概念：

室内热湿环境低碳化

(1)室内空气温度对人体热舒适影响较大。根据我国国情,推荐室内空气温度为:夏季,26~28℃,高级建筑及人员停留时间较长的建筑可取低值,一般建筑及停留时间较短的应取高值;冬季,18~22℃,高级建筑及停留时间较长的建筑可取高值,一般及短暂停留的建筑取低值。

(2)室内空气相对湿度

空气中所含水蒸气的压力称水蒸气分压力P。在一定温度下,空气中所含水蒸气的量有一个最大限度,称饱和蒸气压。多余的水蒸气会从湿空气中凝结出来,即出现结露现象。

所谓相对湿度,就是空气中水蒸气的分压力P与同温同压的饱和蒸气压的比值。由此可知,相对湿度表示的是空气中水蒸气接近饱和的程度。值小,说明空气的湿度低,感觉干燥;值大,表示空气湿润。值的大小还关系到人体的蒸发散热量,湿度在60%~70%左右是人体感觉较舒适的相对湿度。

(3)空气平均流速

室内空气流动的速度是影响人体对流散热和水分蒸发散热的主要因素之一。气流速度大时,人体的对流蒸发散热增强,亦即加剧了空气对人体的冷却作用。我国室内平均风速的计算值为:夏季,0.2~0.5m/s;冬季,0.15~0.3m/s。

(4)室内平均辐射温度

房间平均辐射温度近似地等于室内各表面温度的平均值,它决定人体辐射散热的强度,人与周围环境进行热交换的结果。我国《民用建筑热工设计规范》(GB 50176-93)对结构内表面温度的要求是:冬季,保证内表面最低温度不低于室内空气的露点温度,即保证内表面不结露;夏季,要保证内表面最高温度不高于室外空气计算温度的最高值。

青
春
校
园
的
美
好
生
活

2. 舒适的室内热湿环境

热舒适是指人体对热湿环境诸因素的主观综合反应。人体对冷和热是非常敏感的，当人长时间处于过冷或过热湿环境中，很容易引起疾病，影响健康。创造一个满足人体热舒适要求的室内环境，有助于人的身心健康，提高学习工作效率。

另外，绿色建筑的室内热湿环境除了保证人体的总体热平衡外，身体个别部位所处的条件对人体健康和舒适感往往有着非常重要的影响。

例如：对热感觉有着特别重要影响的是处于热条件下的头部和足部。头部对辐射过热是最敏感的，其表面的辐射热平衡应为散热而不是受热状态。根据卫生学的研究可以判断，在舒适的热状况下，头部表面上单位面积可允许的辐射热平衡大致为由受热时的$11.6W/m^2$至受冷时的$73W/m^2$。人体的足部对地板表面的过冷和过热以及沿着地板的冷空气流动是很敏感的，因此，在冬季，地板温度不应比室内空气温度低$2\sim2.5℃$，在夏季则建议不应对地面进行冷却，这些研究成果与我国中医学人体保健理论十分吻合，这也是绿色建筑室内物理环境的组成因素。

3. 室内热湿环境控制的被动式方法

建筑物内部空间环境质量的优劣与稳定总是受内外两种干扰源的综合影响，内扰主要包括室内设备、照明、人员等室内热湿源。外扰主要包括室外气候参数，如室外空气温度、湿度、太阳辐射、风速、风向的变化以及邻室的空气温度、湿度的变化。这些均可通过围护结构的传热、传湿、空气渗透使热量和湿量进入室内，对室内热湿环境产生影响。室内热湿环境控制方法可分为主动式方法和被动式方法。

所谓被动式方法，就是利用被动式措施控制室内热湿环境，主要是做好太阳辐射控制和自然通风这两项工作。基本思路是使日光、热、空气仅在有益时进入建筑，其目的是控制这些能量、质量适时、有效地加以利用，以及合理地储存和分配热空气和冷空气，以备环境调控的需要。

1)控制太阳辐射

太阳辐射是一把双刃剑，适量的阳光可以利用昼光照明节约照明能耗、调节心情、杀灭有害细菌等；但夏季强烈的阳光透过窗户玻璃照到室内会引起居住者的不舒适感，同时还会大幅增大空调负荷。可以采用下面所述的选用节能玻璃、设置遮阳板等措施，有效地解决这些问题。

(1)选用节能玻璃窗。例如，在采暖为主的地区，可选用双层中充惰性气体、内层低辐射Low-E镀膜的玻璃窗，能有效地透过可见光和遮挡室内长波辐射，发挥温室效应；在供冷为主的地区，则可选用外层Low-E镀膜玻璃或单层镀膜玻璃窗。这种窗能有效地透过可见光和遮挡直射日射及室外长波辐射。国外最新出现一种利用液晶技术的智能窗，利用晶体在不同电压下改变排列形状的特性，根据室外日射强度改变窗的透明程度。

(2)采用能将可见光引进建筑物内区，而同时又能遮挡对周边区直射日射的遮檐。

(3)采用通风窗技术，将空调回风引入双层窗夹层空间，带走由日射引起的中间层百叶温度升高的对流热量。中间层百叶在光电控制下自动改变角度，遮挡直射阳光，透过散射可见光。

(4)利用建筑物中庭，将昼光引入建筑物内区。

(5)利用光导纤维将光能引入内区，而将热能摒弃在室外。

(6)最简单易行而又有效的方法是设建筑外遮阳板，也可将外遮阳板与太阳能电池（即光伏电池）相结合，不但能降低空调负荷，而且还能为室内照明提供补充能源。

上述措施都能很好地控制太阳辐射，解决昼光照明与空调负荷之间的矛盾。

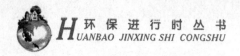
2)有组织的自然通风

自然通风也有两重性，其优点很多，是当今生态建筑中广泛采用的一项技术措施，在绿色建筑技术中占有重要地位。自然通风具有如下一些应用特点：

在室外气象条件良好时，加强自然通风可以提高室内人员的热舒适感，而且有助于健康。事实上，即使在炎热的夏季，也常常存在凉爽的时间段，在凉爽的时间段加强自然通风不仅可以提高热舒适程度，而且还有助于缩短房间空调设备的运行时间，降低空调能耗。

另外，现代建筑室内的装修材料和家具常常会散发出一些不利于健康的气味和物质，彻底根除这种现象常常不太容易，而加强自然通风则有助于冲淡不良气味和控制有害物质浓度，保证居住者的健康。

对校园建筑而言，能否获取足够的自然通风，与通风开口面积的大小密切相关。一般情况下，当通风口面积与地板最小面积之比不小于1/20时，房间可以获得比较好的自然通风。在我国南方的夏热冬暖地区和中部的夏热冬冷地区，人们更习惯强调自然通风，因此这两个地区居住建筑的通风开口面积与地板最小面积之比应该更大一些。

事实上，房间能否获得良好的自然通风，除了通风开口面积与地板面积比之外，还与开口之间的相对位置以及相对开口之间是否有障碍物等因素密切相关。显然，开在同一面外墙上的两个窗的自然通风效果不如开在相对的两面外墙上的同样大小的窗好。相对开着的窗户之间如果没有隔墙或其他遮挡，很容易形成穿堂风。

教室通风

但是建筑的平面布置灵活多变，很少有规律可循，对自然通风的影响也非常复杂，无法提出简单的要求。只能在实际设计和建造的过程中，注意具体的开口朝向，多个开口间的相对位置以及空气在它们之间流动的顺畅程度。

在建筑的实际使用过程中，自然通风效果的好坏是很重要的，除了关注最小通风开口面积、开口之间的相对位置以及它们之间的连通情况外，必要时应用软件对室内的自然通风效果进行模拟，并根据模拟的结果对设计进行调整。

一方面在空气非常潮湿的情况下短时间的结露非常难以避免；另一方面空气非常潮湿的状态不会维持很长的时间，短时间的表面结露还不至于滋生霉菌，不至于给室内环境带来很严重的影响。因此规定是在"室内温、湿度设计条件下"不应出现结露。"室内温、湿度设计条件下"就是一般正常情况，不是像南方的梅雨季节那样非常潮湿的情况。

一般来说，住宅外围护结构的内表面大面积结露的可能性不大，结露大都出现在金属窗框、窗玻璃表面、墙角和墙面上的热桥部位等处。在建筑设计和建造过程中，应注意核算在设计状态下可能结露部位的内表面温度是否高于露点温度，采取措施防止在室内温、湿度设计条件下产生结露现象。

4．室内热环境控制的主动式方法

当今的建筑由于其规模和内部使用情况的复杂性，在多数气候区不可能完全靠被动式方法保持良好的室内环境品质，需要采用机械和电气的手段，即主动式的方法，在高能效的前提下，按"以人为本"的原则，改善室内热湿环境。

根据室内环境质量的不同要求，分别应用供暖、通风或空气调节技术来消除各种干扰，进而在建筑物内建立并维持一种具有特定使用功能且能按需控制的"人工环境"。在供暖、通风或空气调节技术的应用中，一般

总是借助相应的系统来实现对建筑环境的控制。所谓"系统"，指的是若干设备、构件按一定功能、序列集合而成的总体。下面分别阐述供暖、通风、空气调节系统及其应用的基本概念。

(1)供暖

供暖（亦称"采暖"）系统一般应由热源、散热设备和输热管道几个主要部分组成。供暖技术一般用于冬季寒冷地区，服务对象包括民用建筑和部分工业建筑。当建筑物室外温度低于室内温度时，房间通过围护结构及通风孔道会造成热量损失，供暖系统的职能则是将热源产生的具有较高温度的热媒经由输热管道送至用户，通过补偿这些热损失达到室内温度参数维持在要求的范围内。

供暖系统有多种分类方法。按系统紧凑程度分为局部供暖和集中供暖；按热媒种类分为热水供暖、蒸汽供暖和热风供暖；按介质驱动方式分为自然循环与机械循环；按输热配管数目分为单管制和双管制等。热源可以选用各种锅炉、热泵、热交换器或各种取暖器具。散热设备包括各种结构、材质的散热器（暖气片）、空调末端装置以及各种取暖器具。用能形式则包括耗电、燃煤、燃油、燃气或建筑废热与太阳能、地热能等可再生能源的利用。

(2)空气调节

空气调节与供暖、通风一样负担建筑环境保障的职能，但它对室内空气环境品质的调控更为全面，层次更高。在室内空气环境品质中，空气的温度、湿度、气流速度和洁

空调系统形式多样

净度（俗称"四度"）通常被视为空调的基本要求。空调技术主要用于满足建筑物内有关工艺过程的要求或满足人体舒适的需要，往往会对空气环境提出某些特殊要求。空调系统的基本组成包括空气处理设备、冷热介质输配系统（包括风机、水泵、风道、风口与水管等）和空调末端装置。

完整的空调系统还应包括冷热源、自动控制系统以及空调房间。空调的过程是在分析特定建筑空间环境质量影响因素的基础上，采用各种设备对空调介质按需进行加热、加湿、冷却、去湿、过滤和消声等处理，使之具有适宜的参数与品质，再借助介质传输系统和末端装置向受控环境空间进行能量、质量的传递与交换，从而实现对该空间空气温湿度及其他环境参数加以控制，以满足人们生活、工作、生产与科学实验等活动对环境品质的特定需求。

四、教室内空气品质与低碳化

人一生大部分时间（90%左右）是在室内度过的，室内空气品质的好坏是影响人们生理及心理健康的重要因素之一，室内空气品质对居住者、使用者的身体健康有着非常重大的影响，任何人都无法在一

教室一角

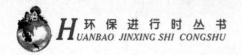

个有害物质浓度很高的房间内长期生活、工作而同时保持健康，学校教室内的空气品质尤其重要。

1．室内空气污染

近年来，国内外在建筑环境及预防医学等领域，对室内空气环境方面的研究一直是个热点。在国外，室内空气污染问题早在20世纪70年代就引起了广泛关注，世界范围的能源危机使得节能效果好的高气密性建筑得到推广，但由此带来的负面影响却是，人们发现封闭结构的建筑室内空气质量差，易使人出现"病态建筑综合征"，其症状包括头疼，眼、鼻、喉部疼痒和咳嗽、免疫力下降等。美国国家环保局甚至将空气品质问题列为当今五大环境健康威胁之一。因此，在充分了解建筑室内环境现状及其对人体健康影响的基础上，探讨相关措施以改善室内空气品质，维持良好的建筑空气环境，是绿色建筑的基本要求，也是绿色室内空气品质要研究的问题。

(1)建筑装饰装修材料及家具的污染。建筑装修材料及家具是目前住宅空气的主要污染源。据测试，现代居室内具有挥发性的有机物(VOC)达5000多种，其中危害人体健康甚至致癌（或可疑致癌）的就有20多种，如甲醛、苯及苯系物、氡等。现代家庭装修使用大量合成材料，如人造板等，几乎所有的人造板材如大芯板、榉木板、水曲柳等各种贴面板、密度板均含甲醛，甚至包括复合地板也含有甲醛。

(2)建筑施工过程带来的污染。在我国北方地区的冬季施工，施工单位为了加快混凝土的凝固速度和防冻，往往在混凝土中加入高碱混凝土膨胀剂和含尿素的混凝土防冻剂等添加剂。建筑物投入使用后，随着环境因素的变化，特别是夏季气温的升高，氨会从墙体中缓慢释放出来，造成室内空气中氨浓度严重超标，况且氨的释放过程需要持续多少年目前尚难确定。氨对人的皮肤有刺激作用。人在短期内吸入大量氨气后可出现流泪、咽痛、声音嘶哑、咳嗽、胸闷、呼吸困难等症状，严重者可发生肺气肿、呼吸窘迫综合征等。

(3)人的活动带来的空气污染。据中国环境科学学会的检测表明，办公室的空气上午优于室外，下午各项污染指标高于室外空气。人停留时间越长，室内的空气污染越严重，室内空气污染指标常达室外的5～10倍。住宅是人员活动最为集中的建筑，人在住宅内通过呼吸、皮肤、汗腺排出自身新陈代谢的产物，如二氧化碳、病菌及多种化学物。另外，家用清洁剂、除臭剂的使用会产生大量挥发性有机化学污染物；吸烟烟雾中含有上千种化学物质；家用空调器开启时，门窗紧闭，室内空气污染物浓度加大而得不到稀释。据国内五个城市的调查，空调房间负离子浓度平均为229.2个/cm³，而普通房间的负离子浓度平均为332个/cm³；清洁地区室外空气中负离子浓度则可高出3～5倍。

教室内空气品质不容忽视

应该说，上述许多有害物质、污染物质在室内空气中的浓度通常是很低的，但室内条件对于室外而言，污染物的含量更容易积累，不容易散发，因此，它们必然会对人体健康造成危害。特别是室内通风条件不好时，这些有害污染物质逐渐积累形成一种积聚效应，使有些人出现不同程度的头疼、呼吸道感染、恶心、过敏、皮炎等诸多症状。世界卫生组织(WHO)将上述症候群统称为"致病性建筑物综合征"。此外，还有"建筑物关联征"（如军团病）、"多元化学物质过敏征"等各种形式的空调病，也都是和室内空气质量的下降密切相关的。

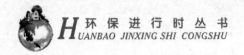
2. 各类污染物及其对人体健康的影响

会对人体产生影响的各类污染物包括：气体污染物、二氧化碳、氡、氨、挥发性有机化合物、气味、分子污染、悬浮颗粒物——可吸入颗粒物和微生物（病毒、细菌、尘螨）、其他（油烟、烟草烟雾、臭氧等）。下面分别就各种污染源分别予以叙述。

（1）二氧化碳

二氧化碳是关于室内空气污染常用的一种指标，其主要来源如下。

人体代谢：人体呼出的空气中二氧化碳约占4%，且与人体代谢率有关，例如儿童为成年人的50%；有机物燃烧过程：炊事、抽烟。

在室外空气中二氧化碳的浓度为300~400ppm。目前居住建筑的控制标准为高级客房700ppm；普通居住空间1000ppm；过渡空间2000ppm。

二氧化碳在一般浓度下无毒、无臭，但是当它的含量超过一定的值时，会对人体产生重要影响。

（2）氨

氨是一种无色、有强烈刺激性气味、碱性的物质，可感觉最低浓度为5.3ppm。它的来源有：冬期施工过程中在混凝土中添加氨水作为防冻剂（释放期较长，危害大）；装饰材料中的添加剂和增白剂（释放期较短，危害较小）。

主要的危害为：浓度超过0.5~1.0mg/m³时，对人的口、鼻黏膜及上呼吸道有很强的刺激作用，造成流泪、咳嗽、呼吸困难；严重的可发生呼吸窘迫综合征；通过三叉神经末梢反射作用引起心脏停搏和呼吸停止；通过肺泡进入血液，破坏红细胞的运氧功能。

按照其危害程度，主要的防止污染措施为禁止使用氨作防冻剂。

（3）氡

氡是一种无色、无味、自然界唯一的天然放射性情性气体，它由镭蜕变产生。氡在放射疗法中可用作辐射源，在科研中可用于制造中子。氡的来源有：地基土壤，花岗岩、水泥、石膏、部分天然石材，天然气。

氡的主要危害为物理性危害，它易扩散，氡溶于水和脂肪。氡极易进入人体呼吸系统造成放射性损伤；氡是肺癌的第二大诱因，潜伏期15年以上。

建材局与卫生部1993年制定的天然石材的放射性控制标准为：A类可在居室内使用，C类只能在外表面使用。有效的防护措施可以减少氡对人体的伤害。

表面涂层可阻挡氡的逸出；

加大通风换气次数，降低室内氡气浓度。

(4) VOC (Volatile Organic.Compounds)

常见种类：数十种到上百种，主要由脂肪族碳水化合物、芳香族碳水化合物组成。例如酒精类、甲醛、甲苯、四氯化碳等，主要对人体的呼吸器官和神经器官有影响。

它们的特点是：单独浓度不高，但多种微量VOC的共同作用不可忽视；长期低剂量释放，对人体危害大；会产生头痛、恶心等症状。

VOC的来源为各种漆、涂料、胶粘剂、阻燃剂、防水剂、防腐剂、防虫剂、室内建材、家具。

(5)气味——分子污染

气味污染会影响空气的新鲜度，如果属于低浓度污染，不能超过权威机构的上限值。这种分子的重量为$1\mu m$微粒的1/1010倍，扩散速度极快，难以控制，因此源控制为最重要控制手段。主要来源为：厨房、卫生间，人体生物污染，烟草烟雾，低浓度VOC和其他有气味的污染物。

(6)悬浮颗粒物

包括烟气、大气尘埃、纤维性粒子及花粉等。直径为$10\sim100\mu m$的微粒总称为悬浮颗粒物。直径小于$10\mu m$的微粒称为可吸入颗粒物，可吸

青春校园的美好生活

入并沉积在呼吸道中，造成矽肺和肺癌；直径小于2.5μm的微粒称为细微粒，会进入肺泡。

如按质量统计悬浮颗粒物粒径分布，大气尘中直径小于10μm的微粒占72%。工业过程产尘，直径小于10μm的微粒占30%。室内可吸入颗粒物以细微粒为主，几乎都是直径小于10μm的微粒。

不同粒径的颗粒物会对人体不同的部位产生影响：

悬浮颗粒物来源有室外来源和室内来源。

室外来源包括：花粉、交通，生产过程，大气污染。室内来源包括：人员活动、抽烟，石棉建材，SVOC颗粒等。悬浮颗粒物还有成为病毒、细菌的传播附着物的附加危害。

(7)微生物

注重室内卫生

对人体产生危害的室内微生物为病毒和细菌。它们附于悬浮颗粒物上传播，是传染病的来源。

霉菌：滋生于潮湿阴暗的土壤、水体和空调设备中。

在居室中最多的微生物要数尘螨，它的适宜环境为20~30℃、湿度75%~85%、空气不流通的场所，尘螨可引起哮喘、过敏性鼻炎、过敏性皮炎。尘螨的常见滋生地为地毯、床垫等。控制方法为通风换气、保持清洁。

3.室内空气污染的控制方法

1)污染物的控制方法

堵源——在建筑设计与施工特别是围护结构表层材料的选用中采用

VOC等有害气体释放量少的材料；

节流——切实保证空调或通风系统的正确设计、严格的运行管理和维护使可能的污染源产污量降低到最低程度；

稀释——保证足够的新风量或通风换气量，稀释和排除室内气态污染物，这也是改善室内空气品质的基本方法；

清除——采用各种物理或化学方法如过滤、吸附、吸收、氧化还原等将空气中的有害物清除或分解掉。

2)空气净化方法和原理

(1)空气过滤去除悬浮颗粒物

过滤器主要功能为处理空气中的颗粒污染。对空气过滤去除悬浮颗粒物最常见的误解是：过滤器像筛子一样，只有当悬浮在空气中的颗粒粒径比滤网的孔径大时才能被过滤掉。其实，过滤器和筛子的工作原理大相径庭。

空气过滤器原理和步骤如下：

①扩散：由于扩散作用，d<0.2μm的粒子明显偏离其流线，与滤材相遇，被拦截。

②中途拦截：d>0.5μm的粒子扩散效应不明显，但可能因为尺寸较大而和过滤器纤维碰上。

③惯性碰撞：具有比较大惯性的、比较重的粒子通常难于绕过过滤器纤维而和纤维直接接触，从而被捕获。

④静电捕获：粒子或者过滤器纤维被有意带上电荷，这样静电力就可以在捕获粒子中起重要作用。

⑤筛子过滤：用筛子过滤可拦截直径大的粒子。

(2)吸附

吸附是由于吸附质和吸附剂之间的吸附力而使吸附质聚集到吸附剂表

面的一种现象，分为：

①物理吸附（常见）：

吸附质和吸附剂之间不发生化学反应；

对所吸附的气体选择性不强；

吸附过程快，参与吸附的各相之间瞬间达到平衡；

吸附过程为低放热反应过程，放热量比相应气体的液化潜热稍大；

吸附剂与吸附质间吸附力不强，在条件改变时可脱附；

对分子量小的化合物作用不明显。

②化学吸附：

空气中的污染物在吸附剂表面发生化学反应；

对分子量小的化合物作用显著；

吸附对于室内VOCs和其他污染物是一种比较有效而又简单的消除技术。

物理吸附中，目前比较常用的吸附剂是活性炭。

固体材料吸附能力的大小取决于固体的比表面积，比表面积越大，吸附能力越强。

活性炭纤维——20世纪60年代发展起来的一种活性炭新品种，含大量微孔，其体积占了总孔体积的90%左右，因此有较大的比表面积。与粒状活性炭相比，活性炭纤维吸附容量大，吸附或脱附速度快，再生容易，不易粉化，不会造成粉尘二次污染。对无机气体如SO_2、H_2S、NOx等和有机气体如VOCs都有很强的吸附能力，特别适用于吸附去除10-9g/㎡至10-6g/㎡量级的有机气体，在室内空气净化方面有广阔的应用前景。

普通活性炭对分子量小的化合物（如氨、硫化氢和甲醛）吸附效果较差，故一般采用浸渍高锰酸钾的氧化铝作为吸附剂进行化学吸附。

3)紫外线灯杀菌

紫外线辐照杀菌是常用的空气杀菌方法，在医院已被广泛使用。紫外线光谱分为UVA、UVB和UVC，波长短的UVC杀菌能力较强。185nm以下的辐射会产生臭氧。

一般紫外线灯安置在房间上部，不能直接照射人，空气受热源加热向上运动缓慢进入紫外线辐照区，受辐照后的空气再下降到房间的人员活动区，在这一过程中，细菌和病毒会不断被降低活性，直至灭杀。

紫外线灯杀菌需要一定的作用时间，一般细菌在受到紫外线灯发出的辐射数分钟后才死亡。

4)静电吸附

静电吸附利用高压电流电离空气而吸附空气中的有害气体。

5. 臭氧杀菌消毒

臭氧为一种刺激性气体，是已知的最强的氧化剂之一，其强氧化性、高效的消毒作用使其在室内空气净化方面有着积极的贡献。

臭氧的主要应用在于灭菌消毒，它可即刻氧化细胞壁，直至穿透细胞壁与其体内的不饱和键化合而杀死细菌，这种强的灭菌能力来源于其高的还原电位。

紫外线照射、纳米光催化、等离子体放电催化和臭氧杀菌所需时间一般都为数分钟。

6. 利用植物净化空气

实验表明，在24小时照明条件下，芦荟可以吸收1m³空气中90%的甲醛；90%的苯在常青藤中消失；龙舌兰则可吞食70%的苯、50%的甲醛和24%的三氯乙烯；吊兰能吞食96%的一氧化碳，86%的甲醛。

也有证据表明，绿色植物吸入化学

小小植物大作用

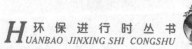

环保进行时丛书
HUANBAO JINXING SHI CONGSHU

物质的能力来自于盆栽土壤中的微生物，而不主要是植物叶子。与植物同时生长在土壤中的微生物在经历代代遗传后，其吸收化学物质的能力还会加强。

可以作为室内空气污染指示物的植物有：

紫花苜蓿，在SO_2浓度超过0.3ppm时，接触一段时间，紫花苜蓿就会出现受害的症状；贴梗海棠，在0.5ppm的臭氧中暴露半小时就会有受害反应；香石竹、番茄，在浓度为0.05~0.1ppm的乙烯下几个小时，花萼就会发生异常现象。

7. 室内空气质量监控系统的应用

为保护学生的人体健康，预防和控制室内空气污染，可以在主要功能房间设计和安装室内污染监控系统，利用专用环境传感器对室内主要位置的温度、二氧化碳、空气污染物浓度等进行数据采集和分析；也可同时检测进、排风设备的工作状态，并与室内空气污染监控系统并联，实现自动通风调节，保证室内始终处于良好的空气质量状态。

第五章

低碳校园与绿色办公

一、办公环境，低碳无处不在

无论是从节能还是从健康的角度考虑，将学校办公室空调的温度夏天设置得过低、冬天设置得过高的做法都是不合理的。盛夏期间，室内与室外的温差最好在4℃～5℃；冬天，室内温度最好控制在20℃以下。夏季空调设定温度调高1度，可以节约用电5%～8%。

1．空调

(1)窗式、柜式空调节能措施

选择制冷功率适中的空调。一台制冷功率不足的空调，不仅不能提供足够的制冷效果，而且由于长时间不间断地运转，还会缩短空调的使用寿命。而如果空调的制冷功率过大，就会使空调的恒温器过于频繁地开关，从而导致空调压缩机的磨损加大和空调耗电量的增加。

室外机置于易散热处，室内外连接管尽可能不超过推荐长度，可增强制冷、制热效果。

应具备合适的用电容量和可靠的专线连接，并具有可靠的接地线。尽量少开门窗，使用厚质、不透光的窗帘可以减少室内外热量交换，利于省电。

开空调之前，提前开窗换气，空调开机后将窗户关闭。

设定适当的温度，夏天将温度调为26℃以上，冬天在20℃左右。

由办公室物品管理人员负责定期清扫滤清器，约半个月清扫一次。若滤清器积尘太多，应把它放在不超过45℃的温水中清洗干净。清洗后吹干，然后安上，使空调的送风通畅，降低能耗的同时对人的健康也有利。

勿挡住出风口，否则会降低冷暖气效果，浪费电力。

调节出风口风叶，选择适宜出风角度，冷空气比空气重，易下沉，暖

环保进行时丛书
HUANBAO JINXING SHI CONGSHU

青春校园的美好生活

空气则相反。所以制冷时出风口向上，制热时出风口向下，调温效率大大提高。

控制好开机和使用中的状态设定。开机时，设置高风，以最快达到控制目的；当温度适宜，改中、低风，减少能耗，降低噪音。

较长时间离开办公室、下班后将空调关闭，并将电源切断。

(2)中央空调节能措施

办公楼内的中央空调，夏天要按照国家规定的"写字楼内温度不能低于26℃"的要求设定好，冬天也不要设置很高的温度。

提前开窗换气，之后就将窗户关闭或者开个小缝。

合理选择电动机、采用变频调速技术。中央空调系统消耗的动力主要是电动机，合理选择电动机，在满足安全运行、启动、制动和调速等方面的情况下，选择额定功率最为重要。额定功率过大，设备投资加大，运行效率降低；额定功率过小，电动机经常过载运行，使电机温度升高，绝缘层易老化，缩短电机寿命。

改造空调系统。为充分利用国家制定的电价分时分段的优惠政策，减少白天高峰时段的高额电费支出，采用蓄冷空调装置是一项有效的措施。如果采用的是蓄冷空调，可充分利用夜间廉价电力，节省电费支出。还可以节省电力增容费，缩短投资回收期。

视天气和个人情况，可以在自己的办公室内适当关闭一段时间。

办公室内最后一个人走时，将自己办公室的空调关闭。

2．办公照明

据专家测算，如果以功率为

办公照明

11W的高品质节能灯代替60W的白炽灯，不仅减少耗电80%，亮度还能提高20%~30%。以每天使用4小时、推广使用12亿只计算，一年可节电858.48亿度，而三峡电站年发电量也只有850亿度左右。

学校要从自身做起，树立节约能源、减少污染的正确态度，将办公室内的白炽灯以及其他高耗能灯换成节能灯。

节能灯耗电量非常小，但开关的时候电流量大，且会减少寿命，所以，用节能灯不要频繁开关，短时间内不用，可以不关。

学校统一安装节能灯时，要根据办公室大小和人数合理安装开关，不要一个开关控制多盏灯。

要根据不同的场合优先采用光效高、显色性好的光源和高效灯具。

高效灯具有多种类型，各有自己的特点和适用场所，应该根据使用条件和要求应用。

紧凑型荧光灯（俗称节能灯）是高效灯具中的一种。它尺寸紧凑，便于使用优质的三基色荧光粉，容易配用电子整流器，从而具有显色性好、无频闪、光效高等优点，能替代白炽灯泡而广泛应用。

应当充分利用自然光，在不降低照明质量的前提下，在不必要的情况下尽量少开灯或者不开灯。

人走灯灭，杜绝"长明灯"现象。

3．电梯

电梯要节电，核心是将处于制动状态的电动机输出电能利用起来。现在国内已经有了成熟的电梯节能技术，一些大城市也有越来越多的学校意识到电梯节能的重要性，通过采用相控技术及能量回馈技术等节电。由于没有了电阻发热源，电梯机房温度明显下降，也就节省了机房降温设备的耗电量。

一些没有群控功能的老式电梯最好安装群控装置，这样既可以减少能耗又可以提高运行效率。

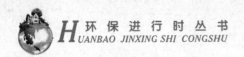
青春校园的美好生活

扶梯最好使用带有变频功能的。因为变频扶梯在无人乘坐时会自动停止，当有人靠近时通过特殊装置识别会自动运行。

开发商应该根据自身需要选择合适的小功率升降电梯，节电又省钱。

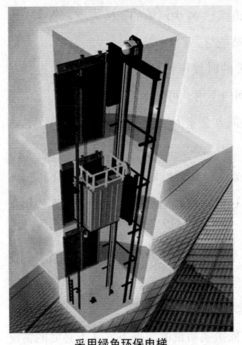

采用绿色环保电梯

学校物业管理部门可联系厂家维修人员将电梯内部的轿厢照明及通风设备与开门装置相连接，使得这些设备只在电梯运转时运行，在电梯静止时自动关闭。

采用绿色环保电梯也是一种有效途径，如果使用环保电梯可以节省30%的电。

粗算一笔账：如果有5万部电梯进行节能改造，按每部电梯节电30%计算，每年可省电4.5亿度。如果再加上节省电梯机房降温设备的耗电量，一年省电超过6亿度。

二、低碳办公设备是首选

1. 办公电脑

选择大小合适的电脑显示器。因为显示器越大，消耗的能源越多，一台17英寸的显示器比14英寸显示器耗能多35%。

显示器设置合适的亮度。显示器亮度过高既会增加耗电量，也不利于保护视力。要将电脑显示器亮度调整到一个合适的值。

另外，电脑只用来听音乐时，可以将显示器亮度设置到最暗或干脆关闭；电脑关机后也要随手关掉显示器。

设置合理的"电源使用方案"。为电脑设置合理的"电源使用方案"，短暂休息期间，可使电脑自动关闭显示器；较长时间不用，使电脑自动启动"待机"模式。坚持这样做，每天至少可节约1度电，还能延长电脑和显示器的寿命。

使用耳机听音乐以减少音箱耗电量。在用电脑听音乐或者看影碟时，最好使用耳机，以减少音箱的耗电量。

关掉不用的程序。使用电脑时，应养成关掉不用的程序的习惯，特别是MSN、桌面搜索、无线设备管理器等服务程序，在不需要的时候把它们都关掉。

办公电脑屏保画面要简单，及时关闭显示器。屏幕保护越简单越好，最好是不设置屏幕保护，运行庞大复杂的屏幕保护可能会比你正常运行电脑更加耗电。可以把屏幕保护设置为"无"，然后在电源使用方案里面设置关闭显示器的时间，直接关显示器比起任何屏幕保护都要省电。

播放光碟文件尽量先拷贝到硬盘。要看VCD或者DVD，不要使用内置的光驱和软驱，可以先复制到硬盘上面来播放，因为光驱的高速转动将耗费大量的电能。

办公电脑要节电

青春校园的美好生活

禁用闲置接口各设备。对于暂时不用的接口和设备如串口、并口和红外线接口、无线网卡等，可以在BIOS或者设备管理器里面设置禁用，从而降低负荷，减少用电量。

电脑关机拔插头。关机之后，要将插头拔出，否则电脑会有约4.8瓦的能耗。

断电拔插头。下班时或长时间不用，应关闭打印机及其服务器的电源，同时将插头拔出。待机模式也会消耗电能。

经常保养。电脑主机积尘过多会影响散热，导致散热风扇满负荷工作，而显示器屏幕积尘也会影响屏幕亮度。因此平时要注意防潮、防尘，并定期清除机内灰尘，擦拭屏幕，既可节电又能延长电脑的使用寿命。

2. 打印机

喷墨打印机每启动一次都要自动清洗打印头和初始化打印机一次，并对墨水输送系统充墨，这样就使大量的墨水被浪费，因而最好不要让它频繁启动。最好在打印作业累积到一定程度后集中打印，这样可以起到节省墨水的效果。

喷墨打印机

喷墨打印机的耗墨量与打印质量和分辨率成正比，应根据不同的应用要求选择不同的打印分辨率和打印质量。现在的喷墨打印机都增加了"经济打印模式"功能，在打印平时自己看的稿子时，完全可以采用这种模式。使用该模式可以节约差不多一半的墨水，并可大幅度提高打印速度。不过，如需高分辨率的文件还是不要选择该模式。

巧妙使用页面排版进行打印。现在的喷墨打印机都支持页面排版的方式打印文件，使用该方式打印，可以将几张信息的内容集中到一页上打印出来。在打印样张时把这个功能和经济模式结合起来就能够节省大量墨水。但是该功能并不仅仅是为了省墨才设置的，比如在打印一本书的封面时，该功能是非常有用的。

减少喷墨头清洗次数。喷墨打印机在使用过程中常出现喷墨头被堵现象，造成被堵的原因很多，如打印机的工作环境、墨水的质量、打印机闲置的时间等，由于每次清洗墨头都要消耗大量的墨水，所以应尽量减少清洗喷墨头的次数。如果发生堵头现象，在清洗喷头一次之后，如果有效果，请不要马上重复清洗喷头，等一天之后一般的堵头就可以解决。如果当时连续清洗多次，未必马上出效果，且费墨严重。

避免墨盒长时间暴露。避免将墨盒长时间地暴露在空气中而产生干涸堵塞现象，应该在墨水即将用完时马上灌墨，并且灌墨后立即上机打印。要是打印机暂时不使用的话，也可以将喷头放在专用的喷头存储盒中，其中特制的橡胶垫可以阻隔空气，保持喷嘴长久润湿。

不要立即更换墨盒。喷墨打印机是通过感应传感器来检测墨盒中墨水量的，墨盒有四色、六色、七色（彩色墨盒与黑色墨盒是分开的），传感器只要检测到其中一色墨水含量小于打印机内部设定的值，便提示更换墨盒。在这种情况下，不必立即更换墨盒，否则就会造成不必要的浪费。可以把墨盒取出后再放进，再通过控制面板中的清洗键，也可以通过打印机自带的工具软件来清洗，重复数次，打印机一般就能正常使用。只是色泽略淡而已。但如果要打印高质量的照片，建议还是更换新墨盒。

减少大面积底色。有些人设计网页或图表时喜欢用黑色或其他一些深色作为底色，这很消耗墨水，因而在打印前，需要将底色去掉或换用

较淡的颜色。否则，浓重的底色既浪费了墨水，也浪费了纸张，还可能因为打印效果不好而不能用。

Excel是办公最常用的软件之一，平时注意Excel打印节约，一定会为节约纸张做出很大的贡献。

如果对打印内容要求不是太高，可以对表格进行压缩打印，即选择在一张纸上打印几页容量的表格。设置时只需打开"页面设置"对话框的"页面"选项卡，选中"缩放比例"单选框，输入需要缩放的比例如"50%"就可以了。

如果要打印的表格内容超过一页，且第二页中的内容只有几行，可选择将第二页中的内容打印到第一页上，这样既美观又节约了纸张，何乐而不为呢？方法是将页面设置调整为"1页宽1页高"就可以了。

如果仅仅是将表格打印出来校对，除了可综合运用上述两种技巧外，还可以使用"单色"打印方式和"按草稿方式"打印，这样既能提高打印速度又能节约打印耗材。该方法特别适合彩色喷墨打印机；如果需要同时打印行号和列标，只需勾选"行号列标"复选框就可以了。

若要对多个工作表设置相同的页面参数，可在打开"页面设置"对话框前按住Ctrl键先将这些工作表选定，然后再进行相应的设置就可以了。

3．复印机

选购通过"中国节能产品认证"的节能复印机。

根据单位规模的大小选择合适型号的复印机。复印任务非常少的公司可以选择打印、复印、传真一体机。

复印机每次在开机时要花费很长时间来启动，在不用复印机时，视时间的长短来选择关闭或处于节能状态。一般来说，40分钟左右内没有复印任务时，应该将复印机电源关掉，以达到节电的目的；如果40分钟内还有零散的任务时，可以让复印机处于节能状态，这样既节能，又能保护复印机的光学元件。

将复印机放在一个干净的环境内，远离灰尘，远离水，并且不要在复印机上放置太重的物品。

4．传真机

选购节能型的传真机。可以使用网络传输的文件不用传真机。

长时间不用时关闭电源，短时间不用时使传真机处于节能状态。

下班后关闭传真机，并切断电源。

三、细节影响低碳办公理念

1．办公纸张

据统计，1/3左右的工业废水来自造纸厂。而2002年，我国用于进口纸板、纸浆、废纸、纸制品用汇70多亿美元，仅次于石油、钢材而居第三位。

办公室公文用纸、名片等印刷物尽可能使用再生纸，以减少环境污染。

设立纸张回收箱，

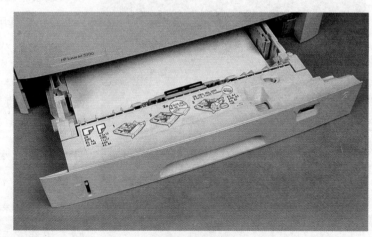

尽量使用再生纸

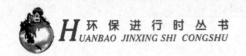
把可以再利用的纸张按大小不同分类放置，能用的一面朝同一方向，方便别人取用。注意不要混入复写纸、蜡纸、塑料等，还要注意不要混入订书钉等金属物。

除正式存档或报上级有关部门的文件用纸外，其他打印纸都可以双面使用，文件传输尽量使用网络渠道，可以通过OA系统或者电子邮件发布的通知、传递的信息全部不发纸稿。

打印适当缩小页边距和行间距、字体和字号

一般正式文件的上下页边距是2.54厘米，左右页边距是3.17厘米，行间距大约是3mm左右，字号一般为小三号或四号。

打印纸也有薄厚之分，有关资料显示，一张厚纸的耗材是一张薄纸的2~3倍。可见用薄纸节约不小。

复印打印用双面，边角余料巧利用

复印、打印纸用双面，复印纸单面使用后，可再利用空白面影印或为便条纸或草稿纸。

公文袋重复、回收利用

2. 文具用品

很多办公场合办公用品浪费惊人。那些能重复使用多年的钢笔、圆珠笔几乎在一夜之间就被日式一次性水笔、圆珠笔代替，几元十几元一支的笔，无论外壳多么精美完好，用完之后一概丢弃。

这种现象人们都已经熟视无睹，而在人们熟视的现象背后，是被浪费掉的金钱和资源。

不采购一次性的签字笔、圆珠笔，而要购买可以更换笔芯的笔，每个人也都要爱护好自己的笔，而不要随意放置和丢弃，从而避免频繁更换笔。办公室人员要监督员工的使用情况，并有相应的处理措施。

目前，许多单位日常工作中以及一些会议上都习惯使用塑料文件袋或文件夹，而且随便丢弃的现象很严重。事实上，塑料文件袋要比牛皮纸文件袋贵一倍左右。所以，单位日常使用以及会议文件最好用牛皮纸袋，而且最好能多次重复利用，既节约日常办公费用和会务费用，又利于环境保护。

多用手帕擦汗、擦手，可减少卫生纸、面巾纸的浪费。尽量使用抹布。

少用木杆铅笔，多用自动铅笔，可节约木材用量。

减少使用含苯溶剂产品

多使用回形针、订书钉，少用含苯的溶剂产品，如胶水、修正液等。回形针要循环使用，已经使用过的回形针取下来要保留起来，下次重复使用。

尽量使用电子邮件代替纸类公文。倡导使用电子贺卡，减少部门间纸质贺卡的使用。

公文袋可以多次重复使用，各部门应将可重复使用的公文袋回收再利用。

教师与学校员工自备水杯，在办工场所包括会议上都要使用自备的水杯。一次性纸杯客人专用，而且每次限用一个。

青春校园的美好生活

 四、办公车辆与低碳出行

在校园中，要实现低碳校园，还需师生一起践行低碳出行，控制办公车辆的使用。

1．公车节约措施

从采购开始注意节约。尽量少采购高档车，倡导采购中档、排量较小的汽车；而且，从量上给予一定的控制，适量即可。

爱车是司机的本分，司机要树立不论开公车还是私车，都要爱护好，做好保养，注意节约。

从制度上加以约束。严格执行公务用车编制和配备标准；实行车辆定点加油、定点维修和保养；科学核定单车油耗定额，登记单车燃油消耗；严禁使用高压自来水冲洗车辆；参加集体公务活动，提倡集中统一乘车。

2．公车节油小窍门

保持合理行车速度。每种汽车都有自己的经济车速，在此车速下行驶耗油量最低。

公车一般来说是中高档车，经济车速较高，大约都在80～90千米/小时。在条件较好的道路上行驶时，控制在此车速以内可以取得节油的效果。

避免不必要怠速运转。公车司机应避免不必要的怠速运转，一般小型汽车怠速运转1分钟以上所消耗的燃油要比重新启动所消耗的燃油多。所以，停车时间较长时，应将发动机熄火。

发动机空转3分钟的油耗就可让汽车行驶1千米。尽量避免突然变速。在行驶中应尽量避免突然加速和减速，因为突然加速时耗油量比平缓加速耗油多很多。

办公用车装有减速滑行加油阀和节气门缓冲器，在减速的瞬间还要继续甚至多供燃油，这都会造成燃油的浪费，所以行车中应力求保持车速平稳。

用黏度最低的润滑油。对汽车进行良好的维护也有利于节油。留意汽车使用手册里的汽车所能用的最低黏度润滑油的说明。润滑油黏度越低，发动机就越"省力"，也就越省油。

定期更换标号恰当的机油。公车应该有专人维护发动机，有问题立即送修。定期更换机油是维护发动机最简单也最有效的方法。发动机越小，机油容量越少，换油应当越频繁。换油时一定要按照自身车辆的机油标号更换机油，不是标号越高越好，使用超标号机油也费油。

五、校园低碳商务会议

任何一个单位都少不了会议，有内部的部门会议、全体大会，还要参加或者主办一些以合作、交流、招商为主题的投资洽谈会、合作签约会、项目展示会、新品介绍会等。会议是必要的，但会议上的浪费却不应该。

文件、汇报材料、领导讲话稿、表格数据、宣传资料……会议结束后，与会者拿着或者丢掉大把的文字材料离开会场。热气球、鲜

公务商务会议低碳

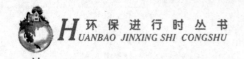

花、豪华宣传品、横幅……会议结束之时它们也就完成了自己的一次性使命；杯子里的饮用水，半瓶半瓶的矿泉水……

会议压缩精简刻不容缓，而且潜力巨大。

1．会议节约举措

单位内部的大小型会议都要要求参会人员自带水杯；而且尽量少发放纸张材料，提倡无纸化办公，会议发言人可以准备ppt文件在会议上展示。

一些对外的大型会议，会议发言稿、交流材料等不必全文印发，只印出较重要的会议精神即可。还有企业的宣传册，完全可以用光盘来代替，不仅生动也节省纸张，这些做法并不是抠门儿，而是在宣传节约，也会得到与会人员的认可。

水的节约：适合不发放矿泉水的会议可以为与会人员准备茶水。发放矿泉水的会议在结束时提醒与会人员带走剩下的水。

压缩与控制与会人数；这样一方面可以降低会务成本；另一方面也会提高效率。

主办方要注意压缩一次性耗材的使用，热气球、横幅等适当使用，而且注意回收再利用。

主办方在与会人员就餐方面注意节约，不铺张浪费，主张节俭待客。

2．公务和商务餐节约举措

不少饭店，当客人点菜时，服务员会善意地提醒一下，已经点的菜够客人用了。这是商家职业道德提高的一个标志，也为商家提高了信誉。所以，减少和杜绝浪费，商家的一些举措意义很大，比如在点菜时的适当提醒，在就餐完毕提醒客人打包。

单位出台有关公务和商务用餐的标准。比如有的单位会有"上限"这样一个限制，什么级别的用餐每人的标准会是多少元，这样，就会一定程度上减少过于铺张浪费的现象了。目前，一顿商务用餐动辄数千元，而很多时候这种奢华是没有必要的。

讲排场和要面子适可而止，点菜不求多，而求搭配恰当，够用即可。打包不丢面子，而且是一个文明时尚的做法。

六、学校办公设备低碳化采购

绿色采购的目标是通过在生态环境与经济之间达成平衡而使单位真正实现生态化。

有些组织，例如购买再生品企业联盟鼓励单位将采购资金用于含有再生成分的商品，这有助于拉动对于再生产品的需求，反过来对国家循环再生工业的生存提供了经济支持。

不论您的学校多么小，您都可以制定一项采购政策，涵盖高能效产品、化学物质含量低的产品、益于避免温室效应的产品、绿色纤维替代品制成的产品，以及再生产品。通过购买额定耗能产品以及高能效的灯泡将能够节省相当一笔电费开支。在能源问题上，绿色意识能使您摆脱赤字。可以考虑将节省的资金重新投入环保，比如用这笔钱来平抑购买环保清洁产品和再生纸时花费的较高成本。

节省的资金还可用于购买绿色电能。刚开始时您可能觉得要掏比现在更多的钱来买电简直是疯了，不过选择绿色电能的确能够创造商业利益和机会，同时也有利于环保。

如果您签约使用绿色电力产品，您可以：

使您的单位获得一个良好法人地位；

获得相对于竞争者的"绿色收益"；

将其纳入一项更广泛的环保政策；

青春校园的美好生活

使您的单位对温室气体的排放的消减符合任何法律的要求；

提高你的环保表现评级，有可能被纳入环保或社会的公益投资基金。

由可持续能源机构进行的研究发现，将近八成的民众有意愿选择那些加入绿色电力计划的公司的产品。作为一家单位，应考虑购买绿色电力所带来的市场潜力以及环境收益。在工作之外，请留心那些越来越多的使用绿色电力的公司生产的商品。

七、让低碳理念融入办公废品

办公室在使用纸张、其他文具以及带包装的商品时都会产生垃圾。

计算机时代使无纸办公成为可能，然而许多人仍然愿意用纸复制文件。这也许是处于储存、安全或者法律的原因，或是他们要发送的对象没有阅读电子文件的条件，但有时候这仅仅是因为人们不喜欢改变习惯。

办公垃圾

现在，回收再利用使用过的办公室纸张有了许多知名的单位和一个成熟的市场。纸张占了所有办公室废品的70%以上。许多纸张再生公司说很难找到可靠的回收原料供应，但是来自办公室和工厂的纸张质量要远高于那些来自社会的。

其他办公用品回收

纸张并非商务环境中唯一可被回收的材料。

为防止电池中有毒的镉被填埋——因为它会渗入地下水中污染水源，为此，您可以将不用的废电池交到指定的回收机构。

手机回收

手机及其电池都能够被回收从而提取出一系列有用的材料，包括：

镍——可用于制造不锈钢；

镉——新电池中所需的成分：

塑料——可用于家具制造或者加热提炼出少量的黄金和铜。

回收大约5万只手机可提取1.5公斤黄金。

打印机墨盒（激光和喷墨型）和调色剂瓶都可以重新填充，重新加墨，重新加工或者回收。但是要确保您的打印机制造商允许使用重新加墨或重新制造的产品。假冒或劣质的再填充墨盒会导致打印机额外的磨损和划伤，从而缩短其寿命。有的公司正在开发一种墨盒回收系统，它将把墨盒运回到其原生产厂家以便重新加工或重复利用，或者回收废弃的墨盒再转化为其他商品生产的原材料。这一计划将不会产生任何需要填埋的废物。

电脑和电脑配件可被回收用做维修电脑的配件，或者其中的贵重金属被还原以作他用。有许多慈善性质的电脑回收计划，它们从企业收取淘汰的电脑作为一种捐献，这些电脑先被"清理"一番，删除其中旧的文件，然后赠送给学校、贫困人群或者社区团体。

办公家具可以作为二手商品出售，重新刷新或者回收。

青春校园的美好生活

硬盘可以被格式化，或者回收。

即使不在家中工作也要保持绿色的工作态度。

无论在什么工作地点，要做些行动上的改进并不困难，只要它不是令人难以接受的。工作场所的规模越大，微小变化所带来的积极影响就越显著。

第六章

绿色校园低碳化设计

一、绿色校园与绿色建材

校园建筑是由建筑材料构成的，作为建筑材料而言，在生产和使用过程中，一方面消耗大量的能源，产生大量的粉尘和有害气体，污染大气和环境；另一方面，使用中会发挥出有害气体，对长期居住的人来说，会对健康产生影响。学校是培养人才的基地，同学们增长知识的同时，也在增长身体，校园建筑一定要绿色化、低碳化，因此鼓励和倡导学校采购、使用绿色建材和绿色建筑设备，对保护环境，改善师生的居住质量，做到可持续的经济发展是至关重要的。

绿色建材指健康型、环保型、安全型的建筑材料，在国际上称为健康建材或环保建材。绿色建材不是指单独的建材产品，而是对建材"健康、环保、安全"品性的评价。它注重建材对人体健康和环保所造成的影响及安全防火性能。在国外，绿色建材早已在建筑、装饰施工中广泛应用，在国内它只作为一个概念刚开始为大众所认识。绿色建材是采用清洁生产技术，使用工业或城市固态废弃物生产的建筑材料，它具有消磁、消声、调光、调温、隔热、防火、抗静电的性能，并具有调节人体机能的特种新型功能建筑材料。

绿色建材是材料科学的概念，绿色建材属于生态环境材料，其定义应该与生态环境材料的定义相同。对生态环境材料的定义，虽有不同的看法，但主要方面取得共识，例如，"生态环境材料是具有满意的使用性

绿色校园

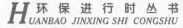

青春校园的美好生活

能和优良的环境协调性的材料。所谓优良的环境协调性是指在原料的采取制备、产品的生产制造、服役使用、废弃后的处置和循环再生利用的全过程中对资源和能源消耗少，对生态和环境污染小，循环再生利用率高"。由于对使用性能的要求与传统材料并无二致，生态环境材料定义区别于传统材料的主要是其环境协调性。应该指出的是，上述定义仍有不确定性，如"消耗少、污染小、利用率高"的要求没有确定的标准。关于定义的其他不同要求还有舒适性、能够改善环境、有利于人体健康、利用废弃物等。但是，这些附加的特征要求将更加局限生态环境材料的范畴。因此，从目前的发展水平来说，具有满意使用性能的任何材料，只要同时具有优异于传统材料的环境协调性，就应该视为生态环境材料，绿色建材同理。对于传统材料而言，只要经过改造后具有满意的使用性能和优良的环境协调性，就应该视为生态环境材料。

然而，对人体健康的直接影响仅是绿色建材内涵的一个方面，而作为绿色建材的发展战略，应从原料采集、产品制造、应用过程和使用后的再生循环利用四个方面进行全面系统的考察，方能界定是否称得上绿色建材。众所周知，环境问题已成为人类发展必须面对的严峻课题。人类不断开采地球上的资源后，地球上的资源必然越来越少，为了人类文明的延续，也为了地球生物的生存，人类必须改变观念，改变对待自然的态度，由一味向自然索取转变为珍惜资源，爱护环境，与自然和谐相处。人类在积极地寻找新资源的同时，目前最紧迫的应该是考虑合理配置地球上的现有资源和再生循环利用问题，做到既能满足当代社会需求又不致危害未来社会的发展，使发展与环境统一，眼前与长远结合。

绿色建材是生态环境材料在建筑材料领域的延伸，从广义上讲，绿色建材不是一种单独的建材产品，而是对建材"健康、环保、安全"等属性的一种要求，对原料加工、生产、施工、使用及废弃物处理等环节贯彻环保意识并实施环保技术，保证社会经济的可持续发展。

二、绿色建材的选择原则

1. 符合国家的资源利用政策

(1)禁用或限用实心黏土砖、少用其他黏土制品。我国人均耕地只有1.43亩，为保证国家粮食安全的耕地后备资源严重不足。据统计，我国实心黏土砖的年产量仍高达5500亿块左右，每年用土量约10亿 m^3，其中占用了相当一部分的耕地，是造成耕地面积减少的重要原因之一。在当前实心黏土砖的价格低廉和对砌筑技术要求不高的优势仍有极大吸引力的情况下，用材单位一定要认真执行国家和地方政府的规定，不使用实心黏土砖。空心黏土制品也要占用土地资源，因此在土地资源不足的地方也应尽量少用，而且一定要用高档次高质量的空心黏土制品，以促进生产企业提高土地资源的利用效率。

(2)选用利废型建材产品。这是实现废弃物"资源化"的最主要的途径，也是减少对不可再生资源需求的最有效的措施。利用工农业、城市和自然废弃物生产建筑材料，包括利用页岩、煤矸石、粉煤灰、矿渣、赤泥、河库淤泥、秸秆等废弃物生产的各种墙体材料、市政材料、水泥、陶粒等，或在混凝土中直接掺用粉煤灰、矿渣等。绝大多数利废型建材产品已有国家标准或

绿色建材认证标志

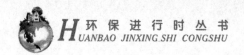
行业标准，可以放心使用。但这些墙体材料与黏土砖的施工性能不一样，不可按老习惯操作。使用单位必须做好操作人员的技术培训工作，掌握这些产品的施工技术要点，才能做出合格的工程。

(3)选用可循环利用的建筑材料。目前除了部分钢构件和木构件外，这类产品还很少，但已有产品上市。例如连锁式小型空心砌块，砌筑时不用或少用砂浆，主要是靠相互连锁形成墙体；当房屋空间改变需拆除隔墙时，不用砂浆砌筑的大量砌块完全可以重复使用。又如外墙自锁式干挂装饰砌块，通过搭叠和自锁安装，完全不用砂浆，当需改变外装修立面时，能很容易被完整地拆卸下来，重复使用。

(4)拆除旧建筑物的废弃物与施工中产生的建筑垃圾的再生利用。这在国内还处于起步阶段，这是使废弃物"减量化"和"再利用"的一项技术措施。例如将结构施工的垃圾经分拣粉碎后与砂子混合作为细骨料配制砂浆。将回收的废砖块和废混凝土经分拣破碎后作为再生骨料用于生产非承重的墙体材料和校园综合建筑或庭园材料。

2．符合国家的节能政策

(1)选用对降低建筑物运行能耗和改善室内热环境有明显效果的建筑材料。我国建筑的能源消耗占全国能源消耗总量的27%，因此降低建筑的能源消耗已是当务之急。为达到建筑能耗降低50%的目标，必须使用高效的保温隔热的房屋围护材料，包括外墙体材料，屋面材料和外门窗，使用此类围护材料会增加一定的成本，但据专家计算，只需通过5～7年就可以由节省的能源耗费收回。在选用节能型围护材料时，一定要与结构体系相配套，并重点关注其热正性能和耐久性能，以保证有长期的优良的保温隔热效果。

(2)选用生产能耗低的建筑材料。这有利于节约能源和减少生产建筑材料时排放的废气对大气的污染。例如烧结类的墙体材料比非烧结类的墙体材料的生产能耗高，在满足设计和施工要求的情况下，就应尽量选用非烧结类的墙体材料。

3.符合国家的节水政策

我国水资源短缺，仅为世界人均值的1/4，有大量城市严重缺水，因此节水已成为建设节约型社会的重中之重。房屋建筑的节水是其中的一项重要措施，而搞好与房屋建筑用水相关的建材产品的选用是极重要的一环。首先要选用品质好的上下水系统产品，包括管材、管件、阀门及相关设备、保证管道不发生渗漏和破裂；第二要选用节水型的用水器具，如节水龙头、节水坐便器等；第三是选用易清洁或有自洁功能的用水器具，减少器具表面的结污现象和节约清洁用水量；第四是在小区内尽量使用渗水路面砖来修建硬路面，以充分将雨水留在区内土壤中，减少绿化用水。

4.不损害人的身体健康

(1)严格控制材料的有害物含量低于国家标准的限定值。建筑材料的有害物释放是造成室内空气污染而损害人体健康的最主要原因，它们主要来自：①高分子有机合成材料释放的挥发性有机化合物（包括苯、甲苯、游离甲醛等）；②人造木板释放的游离甲醛；③天然石材、陶瓷制品、工业废渣制成品和一些无机建筑材料的放射性污染；④混凝土防冻剂中的氨释放。为控制有害产品流入市场，我国已有10项《室内装饰装修材料有害物质限量》标准；还有三项产品的有害物质含量列为国家的强制性认证，即陶瓷面砖的放射

绿色就是健康

性指标、溶剂型木器涂料的有害物质含量和混凝土防冻剂的氨释放量。此外，对涉及供水系统的管材和管件有卫生指标的要求。选材时应认真查验由法定检验机构出具的检验报告的真实性和有效期，批量较大时或有疑问时，应对进场材料送法定检验机构进行复检。

(2)科学控制会释放有害气体的建筑材料在室内的使用量。尽管室内采用的所有材料的有害物质含量都符合标准的要求，但如果用量过多，也会使室内空气品质不能达标。因为标准中所列的材料有害物质含量是指单位面积、单位重量或单位容积的材料试样的有害物质释放量或含量。这些材料释放到空气中的有害物质必然随着材料用量的增加而增多，不同品种材料的有害物质释放量也会累加。当材料用量多于某个数值时就会使室内空气中的有害物质含量超过国家标准的限值。例如在一个面积为20m²，净高为2.5m的房间内满铺了合格地毯后，其合格人造板的用量若超过8m²，就会使室内空气中的甲醛含量超过国家标准的限值。但如果选用的地毯和人选板材的甲醛释放量值比国家标准的限值低20%，则人造板材的用量就可增至12m²。

(3)必要时选用有净化功能的建筑材料。当前一些单位研制了对空气有净化功能的建筑涂料，已上市的产品主要有：利用纳米光催化材料制造的抗菌除臭涂料；负离子释放涂料；具有活性吸附功能、可分解有机物的涂料。将这些材料涂刷在空气被挥发性有害气体严重污染的空间内，可清除被污染的气体，起到净化空气的作用。但其价格较高，不能取代很多品种涂料的功能而且需要处置的时间。因此决不能因为有这种补救手段，就不去严格控制材料的有害物质含量。

5．选用高品质的建筑材料

材料品质必须达到国家或行业产品标准的要求，有条件的应尽量选用高品质的建筑材料，例如选用高性能钢材、高性能混凝土、高品质的墙体材料和防水材料等。

6．材料的耐久性能优良

这点不仅涉及工程质量，而且是"节材"的主要措施。使用高性能的结构材料可以节约建筑物的材料用量，同时材料的品质和耐久性优良，可保证其使用功能维持时间长，使用期限延长，减少在房屋全生命周期内的维修次数，从而减少社会对材料的需求量，也减少废旧拆除物的数量，减轻对环境的污染。

7．配套技术齐全

建材的特点是要用在建筑物上，使建筑物的性能或观感达到设计要求。不少建材产品材性很好，但用到建筑物上却不能取得满意的效果。因此在选用材料时不能只注意材料的材性，还应考虑使用这种材料是否有成熟的配套技术，以保证建筑材料在建筑物上使用后，能充分发挥其各项优异性能，使建筑物的相关性能达到预期的设计要求。

8．材料本地化

材料本地化即优先选用建筑工程所在地的材料，这不能仅仅看成是为了省运输费，更重要的是可以节省长距离运输材料而消耗的能源，为节能和环保做贡献。

材料本地化

9．价格合理

一般来说，材料的价格与材料的品质是一致的，高品质的材料的价格会高些，任何材料都有一个合理的价位。有些业主偏好竭力压低材料价格。价格过低必然会使高品质材料厂家望而却步，给低质量产品留了可乘之机，最终受损失的还是业主或用户。有些材料的品质在短期内是不会反映的，例如低质的塑料管材的使

用年限就少，在维修时的更换率就高。低质上水管的卫生指标可能不达标。塑料窗的密封条应采用橡胶制品，如果价格压得过低，就可能采用塑料制品，窗户的密封性能可能在较短的时间内就变差，窗户的五金件质量差可能在二三年后就会损坏，严重影响正常使用和节能效果。

三、校园建筑节能技术与方法

在我国目前的工业生产中，原材料消耗一般占整个生产成本的70%~80%。建筑材料工业高能耗、高物耗、高污染，是对不可再生资源依存度非常高、对天然资源和能源资源消耗大、对大气污染严重的行业，是节能减排的重点行业。钢材、水泥和砖瓦砂石等建筑材料是建筑业的物质基础。节约建筑材料，降低建筑业的物耗、能耗，减少建筑业对环境的污染，是建设资源节约型校园与环境友好型校园的必然要求。因此，搞好原材料的节约对降低生产成本和提高企业经济效益是十分有现实意义的工作。

大部分建筑材料的原料来自不可再生的天然矿物原料，部分来自工业固体废弃物。据测算，我国每年为生产建筑材料要消耗各种矿产资源70多亿吨，其中大部分是不可再生矿石类资源，全国人均年消耗量达5.3吨。钢材和水泥是建筑业消耗最多的两种建筑材料，消耗量分别占全国总消耗量的50%和70%。

钢材和水泥的巨量消耗带来了一系列的问题。首先是耗费了大量宝贵的矿产资源。

其次是环境污染严重。每生产1吨钢材，排放二氧化碳约1.6~2.0

钢材

吨，排放粉尘约0.52～0.7kg。如此计算，我国2007年生产钢材排放二氧化碳达9.1亿～11.3亿吨，排放粉尘29万～40万吨。如此大量的污染排放，有一半以上是源于建筑用钢的生产。再如水泥，我国2007年水泥工业排放二氧化碳约13亿吨，粉尘排放量为700万吨，废气烟尘排放量达60万吨。可见，仅建筑钢材和水泥这两大建筑材料带来的环境污染问题就令人触目惊心。

砖瓦行业是对土地资源消耗最大的行业，目前实心黏土砖在我国墙体材料中仍然占相当大的比重，仍是我国建房的主导材料。我国至今仍有砖瓦企业近9万家，占地500多万亩，每年烧制折合7000多亿块标准砖，相当于毁坏土地10多万亩。按照烧结砖每万标块需消耗标煤0.5～0.6吨计算，每年全国烧砖耗标煤近5000万吨。

我国当前商品混凝土量占混凝土总用量约23%，而早在20世纪80年代初，发达国家商品混凝土的应用量已经达到混凝土总量的60%～80%，目前我国混凝土商品化生产比率仅在上海、北京、深圳等少数较发达的大中城市超过60%，就全国而言，大部分城市尚处于起步阶段，有的城市至今尚未起步。

我国建筑业材料消耗数量极其惊人，但是反过来也表明我国建筑节材的潜力十分巨大。《建设部关于发展节能省地型住宅和公共建筑的指导意见》（建科[2005] 78号）就十分乐观地提出了"到2010年，全国新建建筑对不可再生资源的总消耗比现在下降10%；到2020年，新建建筑对不可再生资源的总消耗比2010年再下降20%"的目标。要想实现上述目标，除了需要从标准规范、政策法规、宣传机制及监管机制等方面入手外，发展建筑节材适用新技术将是保证建筑节材目标实现的根本途径。就目前可行的技术而言，建筑节材技术可以分为三个层面：建筑工程材料应用方面的节材技术、建筑设计方面的节材技术、建筑施工方面的节材技术。

(1)建筑工程材料应用方面的节材技术

在建筑工程材料应用技术方面，建筑节材的技术途径是多方面的，例如尽量配制轻质高强结构材料，尽量提高建筑工程材料的耐久性和使用寿命，尽可能采用包括建筑垃圾在内的各种废弃物，尽可能采用可循环利用的建筑材料等。近期内较为可行的技术包括：

①可取代黏土砖的新型保温节能墙体材料的工程应用技术，例如外墙外保温技术、保温模板一体化技术等。该类技术可以节约大量的黏土资源，同时可以降低墙体厚度，减少墙体材料消耗量。

②散装水泥应用技术。城镇住宅建设工程限制使用包装水泥，广泛应用散装水泥；水泥制品如排水管、压力管、水泥电杆、建筑管桩、地铁与隧道用水泥构件等全部使用散装水泥。该类技术可以节约大量的木材资源和矿产资源，减少能源消耗量，同时可以降低粉尘及二氧化碳的排放量。

③采用商品混凝土和商品砂浆。例如商品混凝土集中搅拌，比现场搅拌可节约水泥10%，使现场散堆放、倒放等造成砂石损失减少5%~7%。

④轻质高强建筑材料工程应用技术，例如高强轻质混凝土等。高强轻质材料不仅本身消耗资源较少，而且有利于减轻结构自重，可以减小下部承重结构的尺寸，从而减少材料消耗。

⑤以耐久性为核心特征的高性能混凝土及其他高耐久性建筑材料的工程应用技术。采用高耐久性混凝土及其他高耐久性建筑材料可以延长建筑物的使用寿命，减少维修次数，所以在客观上可避免建筑物过早维修或

拆除而造成的巨大浪费。

(2)建筑设计技术方面的节材技术

①设计时采用工厂生产的标准规格的预制成品或部品，以减少现场加工材料所造成的浪费。这样一来，势必逐步促进建材业向工厂化、产业化发展。

②设计时遵循模数协调原则，以减少施工废料量。

③设计方案中尽量采用可再生原料生产的建筑材料或可循环再利用的建筑材料，减少不可再生材料的使用率。

④设计方案中提高高强钢材使用率，以降低钢材消耗量。

⑤设计方案中要求使用高强混凝土，提高散装水泥使用率，以降低混凝土消耗量，从而降低水泥、砂石的消耗量。

⑥对建筑结构方案进行优化。例如某设计院在对50层的南京新华大厦进行结构设计时，采用结构设计优化方案，节约材料达20%。

⑦建筑设计尤其是高层建筑设计应优先采用轻质高强材料，以减小结构自重和材料用量。

⑧建筑的高度、体量、结构形态要适宜，过高、结构形态怪异，为保证结构安全性往往需要增加某些部位的构件尺寸，从而增加材料用量。

⑨采用有利于提高材料循环利用效率的新型结构体系，例如钢结构、轻钢结构体系以及木结构体系等。以钢结构为例，钢结构建筑在整个建筑中所占比重，发达国家达到50%以上，但在我国却不到5%，差距十分巨大。但从另一个角度看，差距也是动力和潜力。随着我国"住宅产业化"步伐的加快以及钢结构建筑技术的发展，钢结构建筑将逐渐走向成熟，钢结构建筑必将成为我国建筑的重要组成部分。再看木结构，木材为可再生资源，属于真正的绿色建材，发达国家已经开始注重发展木结构建筑体

青春校园的美好生活

系。例如在美国，新建住宅的89%均为木结构体系。

⑩设计方案应使建筑物的建筑功能具备灵活性、适应性和易于维护性，以便使建筑物在结束原设计用途之后稍加改造即可用作其他用途，或者使建筑物便于维护而尽可能延长

提高建筑施工技术

使用寿命。与此类似，在城市改造过程中应统筹规划，不要过多地拆除尚可使用的建筑物，应该维修或改造后继续加以利用，尽量延长建筑物的服役期。

(3)建筑施工技术方面的节材技术

建筑施工应尽可能减少建筑材料浪费及建筑垃圾的产生：

①采用建筑工业化的生产与施工方式。建筑工业化的好处之一就是节约材料，与传统现场施工相比较，减少许多不必要的材料浪费，提高施工效率的同时也减少施工的粉尘和噪声污染。根据发达国家的经验，建筑工业化的一般节材率可达20%左右、节水率达60%以上。正常的工业化生产可减少工地现场废弃物30%，减少施工空气污染10%，减少建材使用量5%，对环境保护意义重大。

②采用科学严谨的材料预算方案，尽量降低竣工后建筑材料剩余率。

③采用科学先进的施工组织和施工管理技术，使建筑垃圾产生量占建筑材料总用量的比例尽可能降低。

④加强工程物资与仓库管理，避免优材劣用、长材短用、大材小用等不合理现象。

四、使用循环再生材料和技术

废弃材料的无污染回收利用已是当今世界科学研究的一个热点和重点。我国环境发展规划中明确：研究污染物排放最小量化和资源化技术，实施以清洁生产技术和废弃物资源化技术为核心的科技行动。

1. 建筑废弃物的再生利用

据统计，工业固体废弃物中40%是建筑业排出的，废弃混凝土是建筑业排出量最大的废弃物。一些国家在建筑废弃物利用方面的研究和实践已卓有成效。1995年日本全国建设废弃物约9900万吨，其中实现资源再利用的约5800万吨，利用率为58%。其中混凝土块的利用率为65%。废弃混凝土用于回填或路基材料是极其有限的。作为再生集料用于制造混凝土、实现混凝土材料的自己循环利用是混凝土废弃物回收利用的发展方向。将废弃混凝土破碎作为再生集料既能解决天然集料资源紧张问题，利于集料产地环境保护，又能减少城市废弃物的堆放、占地和环境污染问题，实现混凝土生产的物质循环闭路化，保证建筑业的长久的可持续发展。因此，国外大部分的大学和政府研究机关都将研究重点放在废弃混凝土作为再生集料技术上。很多国家都建立了以处理混凝土废弃物为主的加工厂，生产再生水泥

使用循环再生建筑材料

和再生骨料。日本1991年制定了《资源重新利用促进法》，规定建筑施工过程中产生的渣土、沥青混凝土块、木材、金属等建筑垃圾，须送往"再资源化设施"进行处理。

我国城市的建筑废弃物日益增多，目前年排放量已逾6亿吨，我国一些城建单位对建筑废弃物的回收利用做了有益的尝试，成功地将部分建筑垃圾用于细骨料、砌筑砂浆、内墙和顶棚抹灰、混凝土垫层等。一些研究单位也开展了用城市垃圾制取烧结砖和混凝土砌块技术，并且具备了推广应用的水平。虽然针对垃圾总量来看，利用率还很低，但毕竟有了较好的开端，为促进垃圾处理产业化，弥补建材工业大量消耗自然资源的不足积累了经验。

2. 危险性废料的再生利用

国外自20世纪70年代开始着手研究用可燃性废料作为替代燃料应用于水泥生产。大量的研究与实践表明，水泥回转窑是得天独厚处理危险废物的焚烧炉。水泥回转窑燃烧温度高，物料在窑内停留时间长，又处在负压状态下运行，工况稳定，对各种有毒性、易燃性、腐蚀性、反应性的危险废弃物具有很好的降解作用，不向外排放废渣，焚烧物中的残渣和绝大部分重金属都被固定在水泥熟料中，不会产生对环境的二次污染。同时，这种处置过程与水泥生产过程同步进行，处置成本低，因此被国外专家认为是一种合理的处置方式。

可燃性废弃物的种类主要有工业溶剂、废液（油）和动物骨粉等。目前世界上至少有100多家水泥厂已使用了可燃废弃物，如日本20家水泥企业约有一半处理各种废弃物；欧洲每年要焚烧处理100万吨有害废弃物；瑞士Holcim公司可燃废弃物替代燃料已达80%，其他20%的燃料仍为二次利用燃料石油焦；美国大部分水泥厂利用可燃废弃料煅烧水泥，替代量达到25%～65%。法国Lafarge公司可燃废弃物替代率达到50%以上。Lafarge公司在2001年实现了以下目标：节约200万吨矿物质燃料；降低燃料成本达33%左右；回收了约400万吨的废料；减少了500万吨二氧化碳气体的排放。欧盟在2000年公布了2000/76/EC的指令，对欧盟国家在废弃物焚烧方面提出技术要求，其中专门列出了用于在水泥厂回转窑混烧废弃物的特殊条款，用以促进可燃性废料在水泥工业处置和利用的发展。

我国从20世纪90年代开始利用水泥窑处理危险废物的研究和实践，并已取得一定的成绩。我国北京水泥厂利用水泥窑焚烧处理固体废弃物也已取得一定的成果，2001年混烧了3000多吨，2002年混烧6000多吨。上海万安企业总公司（金山水泥厂）从1996年开始从事这项工作，利用水泥窑焚烧危险废弃物已取得"经营许可证"，先后已为20多家企业产生的各种危险废物进行了处理，燃烧产生的废气经上海市环境监测中心测试，完全达到国家标准，对产品无不良影响。

3. 工业废渣的综合利用

"九五"期间，我国工业"三废"综合利用产值达1247亿元，年均增长16.4%。在工业废渣产生量逐年增加的情况下，工业废渣综合利用率由1995年的43%提高到2000年的52%，年综合利用量达到3.55亿吨。其中煤矸石综合利用量由1995年的5600万吨增加到2000年的6600万吨，利用率由38%上升到43%；粉煤灰综合利用量由1995年的5188万吨增加到2000年的7000万吨，利用率由43%上升到58%。到2005年，工业"三废"综合利用将实现产值400亿元；工业废渣综合利用率将达到60%，其中，煤矸石综合利用率提高到60%，粉煤灰综合利用率提高到65%。我国固体废弃物综合利用率若提高1个百分点，每年就可减少约1000万吨废弃物的排放。

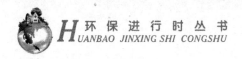

五、学校绿色建筑设备的应用

建筑设备包括建筑电气、采暖、通风、空调、消防、给水排水、楼宇自动化等。建筑内的能耗设备主要包括空调、照明、采暖等。并且空调系统、采暖系统和照明系统的耗能在大多数的民用建筑能耗中占主要份额，空调系统的能耗更达到建筑能耗的40%～60%，成为建筑节能的主要控制对象。

1．空调节能设备与系统

(1)热泵系统。热泵是通过做功使热量从温度低的介质流向温度高的介质的装置。热泵利用的低温热源通常可以是环境（大气、地表水和大地）或各种废热。应该指出，由热泵从这些热源吸收的热量属于可再生的能源。采用热泵技术为建筑物供热可大大降低供热的燃料消耗，不仅节能，同时也大大降低了燃烧矿物燃料而引起的CO_2和其他污染物的排放。

空调系统

(2)变风量系统。采用变风量系统，以减少空气输送系统的能耗。变风量空调(VAV)控制系统可以根据各个房间温度要求的不同进行独立温度控制，通过改变送风量的办法来满足不同房间（或区域）对负荷变化的需要。同时，采用变风量系统可以使空调系统输送的风量在建筑物中各个朝

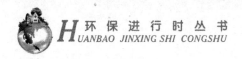
青春校园的美好生活

环保进行时丛书
HUANBAO JINXING SHI CONGSHU

向的房间之间进行转移，从而减少系统的总设计风量。这样，空调设备的容量也可以减小，既可节省设备费的投资，也进一步降低了系统的运行能耗。该系统最适合应用于楼层空间大而且房间多的建筑，尤其是办公楼，更能发挥其操作简单、舒适、节能的效果。因此，变风量系统在运行中是一种节能的空调系统。

(3) VRV空调系统。变制冷剂流量(Variable Refrigerant Volume，简称VRV)空调系统是一种制冷剂式空调系统，它以制冷剂为输送介质，属空气——空气热泵。该系统由制冷剂管路连接的室外机和室内机组成，室外机由室外侧换热器、压缩机和其他制冷附件组成；室内机由风机和直接蒸发式换热器等组成。一台室外机通过管路能够向若干个室内机输送制冷剂液体，通过控制压缩机的制冷剂循环量和进入室内各个换热器的制冷剂流量，可以适时地满足室内冷热负荷要求。

(4)冷热电三联供系统。热电联产是利用燃料的高品位热能发电后，将低品位热能供热的综合利用能源的技术。目前我国大型火力电厂的平均发电效率为33%左右，其余能量被冷却水排走；而热电厂供热时根据供热负荷，调整发电效率，使效率稍有下降（比如20%），但剩下的80%热量中的70%以上可用于供热，从总体上看是比较经济的。从这个意义上讲，热电厂供热的效率约为中小型锅炉房供热效率的2倍。在夏季还可以配合吸收式冷水机组进行集中供冷，实现冷热电三联供。

2. 采暖节能设备与系统

(1)风机水泵变频调速技术。风机水泵类负载多是根据满负荷工作需用量来选型，实际应用中大部分时间并非工作于满负荷状态。采用变频器直接控制风机、泵类负载是一种最科学的控制方法，利用变频器内置PID调节软件，直接调节电动机的转速保持恒定的水压、风压，从而满足系统要

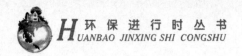

求的压力。

(2)设置热能回收装置。通过某种热交换设备进行总热（或显热）传递，不消耗或少消耗冷（热）源的能量，完成系统需要的热、湿变化过程叫热回收过程。回收热源可以取自排风、大气、天然水、土壤和冷凝放热等。这种装置一般用于可集中排风而需新风量较大的场合。新风换气热回收装置的设计和选择应根据当地气候条件而定。采用中央空调的建筑物应用新风换气热回收装置，对建筑物节能具有显著意义。对于夏季高温高湿地区，要充分考虑转轮全热热交换器的应用。根据夏季空气含湿量情况可以划定有效的换新风热回收应用范围：对于含湿量大于1012g/kg的湿润气候状态，拟采用转轮全热热交换器；对于含湿量小于0.09g/kg的干燥气候状态，拟采用显热热交换器加蒸发冷却。

(3)照明节能设备与系统

目前太阳能应用技术已取得较大突破，并且已较成熟地应用于建筑楼道照明、城市亮化照明。太阳能光伏技术是利用电池组件将太阳能直接转变为电能的技术。

第七章

低碳校园与环境绿化

一、校园绿化的调节作用

　　绿化就是种植花草、树木等植物，通常是以净化空气、美化环境为目的。绿化特指城市或某些特定区域（如公园、居住区、单位等的绿化），它是与城市建筑、园林建筑等统一的人文绿化，与建筑有非常密切的关系。绿色建筑的环境绿化主要研究的是后者，它强调的是绿化在美化环境、净化空气、维护生态平衡等方面的作用，尤其是对绿色建筑的影响。实践证明，绿化在提高校园室内外环境质量以及促进校园的节能效益方面正发挥越来越重要的作用。

　　绿化是实现夏季降温，消除热岛效应最为有效的措施之一。绿化降温不仅是由于植物根系所在种植层水分蒸发，同时叶面的蒸腾作用以

草地绿化

及叶片对阳光的遮挡作用也可有效地降低环境温度。举例说，夏季的晴天，一亩草地每天可以蒸发水分达1500m³。以此类推，则每亩草地每天可以吸收热量$1.4×10^8$J，这就相当于10个普通房间的空调机开动20小时所产生的冷却能量。一块草地和一块沥青地面表面温度的差别有时可以达到14℃以上。在这两种不同地表面的微气候区的温差往往也可以达到5℃左右，可见绿化对建筑环境夏季降温的作用非常明显。

植物是天然的湿度调节器，植物根系所在的土层降雨时是天然的蓄水库，空气干燥时又通过叶片的蒸腾作用增加空气湿度，这对于气候干燥地区是非常有利的。另外，植物还可以调节风速，根据植物配置有意识地引导夏季主导风，阻挡冬季寒风，从而达到调节小气候的目的。

当在沿房屋的长向迎风一侧种植树木时，如果树木在房屋的两端向外延伸，则可加强房间内的通风效果。当在沿房屋长向的窗前种植树木时，如果树丛把窗户的檐口挡住，则往往将吹进房内的风引向顶棚。但如果树丛离开外墙尚有一定距离时，则吹来的风有可能大部分或全部越过窗户而从屋顶穿过房子。当在迎风一侧的窗前种植一排低于窗台的灌木时，则当灌木与窗的间距在4.5～6m以内时，往往可使吹进窗户的风的角度向下倾斜，从而有利于促进房间的通风效果。

植物是天然的空气净化器，植物的叶片对灰尘有很好的吸附作用，叶片越粗糙，表面的绒毛越多，对灰尘的吸附能力就越强，许多植物还具有很好的杀菌、杀虫和吸收有害气体的功能。例如，夜来香、九里香具有驱蚊的作用。白桦树、白皮松的分泌物可杀死空气中的结核杆菌、流动病毒；柳树、女贞树可吸收三氧化硫；夹竹桃能吸收硫、汞蒸气；米兰能吸收一氧化碳等。应充分利用植物吸附灰尘及有害气体这种特性，尤其在易产生大量有害气体、粉尘的工厂、矿区周围的学校内有针对性地进行植物配置，既美化了环境，又净化了学校建筑室内外空气。

噪声的危害已为人们普遍认识，防止和减少城市噪声也已成为城市中亟待解决的环境问题。利用绿化来降低或削弱城市噪声对建筑的影响，则是一项积极、经济、易行的有效措施。密集种植地点的绿化带不仅可作为隔声的屏障，而且植物的叶片也具有一定的吸声作用。

运用绿化来防止和减少噪声对建筑的干扰时，应注意噪声的衰减量随植物配置方式、树种及噪声频率范围的变化而变化。一般来讲，绿化对于低频噪声的隔声能力优于高频；混植林带的隔声能力优于纯植林带；而植物本身的吸声能力，一般以叶面粗糙、面积大、树冠浓密的树木为强。

绿化对减轻大气温室效应、保护臭氧层大为有利。人们知道，植物的光合作用就是利用叶绿素吸收太阳光能将二氧化碳和水合成有机碳水化合物。每公顷绿化面积在阳光下每小时的产氧量除供植物本身呼吸外，还可提供50kg氧，同时吸收75kg二氧化碳，而二氧化碳正是形成大气温室效应主要的气

绿化防止噪声危害

体。因此，尽可能增加绿化面积，对缓解温室效应具有重要作用。

二、校园绿化设计的原则

正因为绿化对改善人类生存环境的作用不可小视，因此，在营造绿色建筑，实现建筑与环境的可持续发展时，就应充分利用绿化的上述作用。但是，绿化并不等于简单的种树，而是不同种类、形态、大小的植物及其周围环境的有机组合。总体来说，校园绿化设计应遵循以下原则：

①优先种植本土植物，采用少维护、耐候性强的植物，减少日常维护的费用；

②采用生态绿地、墙体绿化、屋顶绿化等多样化的绿化方式，对乔木、灌木和攀缘植物进行合理配置，构成多层次的复合生态结构，达到人工配置的植物群落自然和谐，并起到遮阳、隔声和降低能耗的作用；

③绿地配置合理，达到局部环境内保持水土，调节气候，降低污染和隔绝噪声的目的。

三、校园绿化的合理性

根据绿化与建筑的位置关系，可分为建筑周围的绿化以及建筑本身绿化两部分。建筑周围的绿化又可分为沿路绿化、楼旁绿化和集中绿化；而建筑本身的绿化则包括屋顶绿化，墙体绿化及阳台、窗台绿化和室内绿化等。

1. 沿路绿化

沿路绿化是指在临街建筑与城市道路之间营造绿地。这类绿化起分隔建筑和道路的作用，不仅对城市面貌有很大影响，而且对临街建筑的室内外环境质量保障也有十分重要的作

窗台绿化

用。其中最主要的作用是降低噪声、吸附灰尘以及改善局部气候条件。

从降噪的角度来考察临街绿化时，应注意处理好绿地设计与风向、声源方位等关系。一般情况下，当噪声声波顺风时，声波受气流的影响，趋向地面，将沿近地层气流前进；而逆风时，则趋向高空。根据这一特性，在临街绿地设计时，如果声源位于建筑的上风方向，则绿地的配置应由低到高；而如果声源位于建筑的下风方向，则宜反之。

2. 楼旁绿化

楼旁绿化是指建筑周围的绿化，一般面积不大，较为分散。这类绿化由于离建筑较近，对建筑的室内外环境有直接影响。楼旁绿化以种植观赏类植物为主，例如观花、观叶、观果以及芳香类植物，做到四季有花，四季有景，以丰富多变的植物配置营造出鸟语花香的宜人环境。位于建筑西墙处的绿化可以种植高大落叶乔木，这样既可以减轻夏季西晒对建筑的影响，降低西墙的温度，而且冬季也不会阻挡墙面对阳光热辐射的吸收。用于建筑南面绿化的树木不宜过于高大，以免影响到南面房

间的采光。

3．集中绿化

集中绿化往往是指在某单位、某小区，或者某区域中心的绿化。这类绿化面积较大，对周围建筑，甚至整个片区的环境都有较大影响。这类绿化地段不仅是一定区域的人们休闲、娱乐的重要场所，而且具有重要的环境、生态价值。例如，校园居住区的集中绿地。

集中绿化由于规模较大，应采取多样化、本土化的植物配置方式。乔木、灌木合理搭配，并可结合水体适当建立人工湿地，营造稳定、和谐的植物群落，构成复合式的生态结构，有助于降低环境污染、减少水土流失、维护城市生态平衡。

四、校园屋顶绿化

校园绿化的重要作用正在被更多的人所认识，其实校园屋顶的绿化一样不容忽视，它有着和校园绿化一样巨大的收益。

(1)环境效益

随着建筑物越来越高，密度越来越大，形成大量高密度的"钢筋水泥森林"，而起着调节城市生态环境的绿化和水面则不断被蚕食，结果导致城市生态环境的恶化，出现了"热岛效应"、"温室效应"和大气环境和水环境被严重污染等诸多环境问题。被称为建筑的第五立面的屋顶，却仍然是都市中尚待开垦的"处女地"，处于一种被忽略、被遗忘的地位：一方面是城市绿化面积和水面面积被越来越多的高密度建筑物逐步蚕食，另一方面大量屋顶却仍然素面朝天，未被有效利用，这正是

屋顶绿化

目前在城市建设上存在的一对矛盾。而对众多学校"屋顶绿化"则是一种既能兼顾到学校建设发展的需要，同时又能很好地解决学校生态环境问题的双赢甚至多赢的解决方案。

屋顶花园不但能美化环境，而且可兼具为人们提供寻幽觅趣、游憩健身之所的功能。对于一个城市来说，绿化屋顶就是一台自然空调，它可以保证特定范围内居住环境的生态平衡与良好的生活意境。实验证明，绿化屋顶夏季可降温，冬季可保暖，始终保持20多度的舒适环境，对居住者身体健康大有裨益。据测试，只要市中心建筑物上植被覆盖率增加10%，就能在夏季最炎热的时候将白天的温度降低2～3℃并能够降低污染。屋顶花园还是建筑构造层的"护花使者"。一般经过绿化的屋顶，不但可调节夏、冬两季的极端温度，还可以保护建筑物本身的基本构件，防止建筑物产生裂纹，延长使用寿命。同时，屋顶花园还有储存降水的功用，对减轻城市排水系统压力，减少污水处理费用都能起到良好的缓解作用。回归自然有效的生态面积，规划完善的良性生态循环，屋顶花园不但为蜜蜂、蝴蝶找到全新的生存空间，而且也为濒危植物栽种、减少人为干涉提供了自由生长的家园。

(2)技术措施。在进行屋顶绿化时应根据屋顶绿化立地条件的特殊性，针对其具体情况采取如下一些相应的技术措施。

①首先要解决积水和渗漏水问题。防水排水是屋顶绿化的关键，故在设计时应按屋面结构设计多道防水设施，做好防排水构造的系统处理。

各种植物的根系均具有很强的穿透能力，为防止屋面渗漏，应先在屋面铺设1～2道耐水、耐腐蚀、耐霉烂的卷材（如沥青防水卷材、合成高分子防水材料等）或涂料（如聚氨酯防水材料）作柔性防水层，其上再铺一道具有足够耐根系穿透功能的聚乙烯土工膜、聚氯乙烯卷材、聚烯烃卷材等作为耐根系穿透防水层。防水层施工完成之后，应进行24小时蓄水检验，经检验无渗漏后，在其上再铺设排水层。排水层可用塑料排水板、橡胶排水板、PVC排水管、陶粒、绿保石（粒径3～6cm或粒径为2～4cm的厚度为8cm以上的卵石层）。在排水层上放置隔离层，其目的是将种植层中因下雨或浇水后多余的水及时通过过滤后排出去，以防植物烂根，同时也可将种植层介质保留下来以免流失。隔离层可采用每平方米不低于250g的聚酯纤维土工布或无纺布。最后，才在隔离层上铺置种植层。

在屋面四周应当砌筑挡墙，挡墙下部留置泄水孔。泄水口应与落水口连通，形成双层防水和排水系统，以便及时排除屋面积水。

②合理选择种植土壤。种植层的土壤必须具有容重小、重量轻、疏松透气、保水保肥、适宜植物生长和清洁环保等性能。显然一般土壤很难达到这些要求，因此屋顶绿化一般采用各类介质来配置人工土壤。

栽培介质的重量不仅影响种植层厚度与植物材料的选择，而且直接关系到建筑物的安全。如果使用容重小的栽培介质，种植层可以设计厚些，选择的植物也可相应广些。从安全方面讲，栽培介质的容重不仅要了解材料的干容重，更要了解测定材料吸足水后的湿容重，以便作为考虑屋面设计荷载的依据。

无纺布布袋

为了兼顾种植土层既有较大的持水量，又有较好的排水透气性，除了要注意材料本身的吸水性能外，还要考虑材料粒径的大小。一般大于2mm以上的粒子应占总量的70%以上，小于0.5mm的粒子不能超过5%，做到大小粒径介质的合理搭配。

目前一般选用泥炭、腐叶土、发酵过的醋渣、绿保石(粒径0.5～2cm)、蛭石、珍珠岩、聚苯乙烯珠粒等材料，按一定的比例配制而成。其中泥炭、腐叶土、醋渣为植物生长提供有机质、腐殖酸和缓效肥；绿保石、蛭石、珍珠岩、聚苯乙烯珠粒可以减少种植介质的堆积密度，有利于保水、透气，预防植物烂根，促进植物生长；还能补充植物生长所需的铁、镁、钾等元素，也是种植介质中pH值的缓冲剂和调节剂。

③屋顶绿化的形式应考虑房屋结构，把安全放在第一位。设计屋顶绿化时必须事前了解房屋结构，以平台允许承载重量（按每平方米计）为依据。必须做到：平台允许承载重量>一定厚度种植层最大湿重+一定厚度的排水物质重量+植物重量+其他物质重量（建筑小品等）。根据平台屋顶承重能力，设计不同功能的屋顶绿化形式。

第七章 低碳校园与环境绿化

青春校园的美好生活

屋顶绿化应以绿色植物为主体，尽量少用建筑小品，后者选用材料也应选用轻型材质。树槽、花坛等重物设置在承重墙或承重柱上。

④植物的生长习性都要适合屋顶环境。屋顶花园的造园优势是基于屋顶花园高于周围地面而形成的。高于地面几米甚至几十米的屋顶，气流通畅清新，污染减少，空气浊度比地面低；与城市中靠近地面状态相比，屋顶上光照强，接受太阳辐射较多，为植物进行光合作用创造了良好的环境，有利于植物的生长。

（3）植物选择。屋顶绿化选用植物应以阳性喜光、耐寒、抗旱、抗风力强、植株矮、根系浅的植物为主（如佛甲草、葡萄、木香、合欢、紫薇、红叶李、夹竹桃、丝兰、月季、迎春、黄馨、菊花、半支莲等）；高大的乔木根系深，树冠大，而屋顶上的风力大，土层薄，

佛甲草

容易被风吹倒。如若加厚土层，则会增加屋面承重。乔木发达的根系往往还会深扎防水层而造成纹渗漏。

在植物类型上应以草坪、花卉为主，可以穿插点缀一些花灌木、小乔木。各类草坪、花卉、树木所占比例应在70%以上。平台屋顶绿化使用的各类植物类型的数量变化一般应按如下顺序栽种：草坪、花卉和地被

植物>灌木>藤本>乔木。

通常用于屋顶绿化的植物主要有以下几类。

①草本花卉，如天竺葵、球根秋海棠、风信子、郁金香、金盏菊、石竹、一串红、旱金莲、凤仙花、鸡冠花、大丽花、金鱼草、雏菊、羽衣甘蓝、翠菊、千日红、含羞草、紫茉莉、虞美人、美人蕉、萱草、鸢尾、芍药、葱兰等。

②草坪与地被植物，如天鹅绒草、酢浆草、虎耳草等。

③灌木和小乔木，如红枫、小檗、南天竹、紫薇、木槿、贴梗海棠、腊梅、月季、玫瑰、山茶、桂花、牡丹、结香、八角金盘、金钟花、栀子、金丝桃、八仙花、迎春花、棣棠、柏杞、石榴、六月雪、荚迷等。

④藤本植物，如常春藤、茑萝、牵牛花、紫藤、木香、凌霄、蔓蔷薇、金银花、常绿油麻藤等。

⑤果树和蔬菜如矮化苹果、金橘、葡萄、猕猴桃、草莓、黄瓜、丝瓜、扁豆、番茄、青椒、香葱等。

屋顶绿化是提高城市绿化率的有效途径之一。做好屋顶绿化关键在于屋面防水及排水系统的设计与施工中各环节的质量控制，只有高度重视并在技术上保障屋顶绿化的防水、排水工程，才能有效地确保屋顶绿化的顺利进行。

 五、校园墙面绿化

墙面绿化是泛指用攀缘植物装饰建筑物外墙和各种围墙的一种立体

绿化形式。对建筑外墙进行垂直绿化，对美化立面、增加绿地面积和形成良好的生态环境有重大意义。此种垂直绿化主要应用在东西墙面，是防止"晨晒"和"西晒"的一种有效方法。它能够更有效地利用植物的遮阳和蒸腾作用，缓和阳光对建筑的直射，间接地对室内空间降温隔热起到降低房间热负荷的作用，并且降低墙体对周边环境的热辐射。

墙面绿化还可以按照人们的意图，为建筑物的立面进行遮挡和美化，同时可以减低墙面对噪声的反射，吸附灰尘，减少尘埃进入室内。如爬山虎、地锦等有吸附能力的植物不需任何支架，就可以绿化6层楼高的墙面。小区内采用垂直绿化，不仅可以成为城市小区的重要景观，而且具有良好的生态效应。

墙面绿化设施形式应结合建筑物的用途、结构特点、造型、色彩等设计，同时还要考虑地区特点和小气候条件。常用绿化设施有以下三种形式。

①墙顶种植槽。墙顶种植槽是指墙顶部设置种植槽，即把种植槽砌筑在顶墙上。这种形式的种植槽一般较窄，浇水施肥不方便，适用于围墙。

②墙面花斗。墙面花斗是指设置在建筑物或围墙的墙身立面的种植池。它一般是由人在建筑施工时预先埋入的。在设计时最好能预先埋设供肥水装置，或在楼层内留有花斗灌

墙面绿化

肥水口，底部设置排水孔。花斗的形式、尺寸可视墙面的立面形式、栽植的植物种类等因素来确定。

③墙基种植槽。墙基种植槽是指在建筑物或围墙的基部利用边角土地砌筑的种植槽。有时候也可以把种植槽和建筑物或围墙作为整体来设计，这样效果更好，墙基种植槽的设计可视具体条件而定。一般种植槽应尽量做在土壤层上，如有人行道板或水泥路面时，应当使种植槽的深度大于45mm。过低、过窄的种植槽不仅存土量少，且易引起植物脱水，对植物生长不利。

另外，在砌筑种植槽时，不妨每10～20m留有伸缩和沉降缝。这样既可避免由于种植槽热胀冷缩而产生裂缝，还可避免因基础的沉降而造成的种植槽破损。种植槽立面的设计应高低错落，因单一的条状设计在施工中易造成种植槽的弯曲，而且高低错落的设计还可以防止行人在种植槽上行走，从而减少破坏。在种植槽边缘设置小尺度的栏杆，也可以起到保护花草、树木及种植槽的作用，但栏杆的图案应简洁，色彩要与种植槽及植物色彩相协调，不能喧宾夺主。

对于墙面绿化植物的选择，必须考虑不同习性的攀缘植物对环境条件的不同需要，并根据攀缘植物的观赏效果和功能要求进行设计。

①应根据不同种类攀缘植物本身特有的习性加以选择，以下是这方面的经验做法，比如：

a．缠绕类，适用于栏杆、棚架等，如紫藤、金银花、菜豆、牵牛等。

b．攀缘类，适用于篱墙、棚架和垂挂等，如葡萄、丝瓜、葫芦等。

c．钩刺类，适用于栏杆、篱墙和棚架等，如蔷薇、爬蔓月季、木香等。

d．攀附类，适用于墙面等，如爬山虎、扶芳藤、常春藤等。

②应根据种植地的朝向选择攀缘植物。东南向的墙面或构筑物前应种植以喜阳的攀缘植物为主；北向墙面或构筑物前，应栽植耐阴或半耐阴的攀缘植物；在高大建筑物北面或高大乔木下面等遮阴程度较大的地方种植攀缘植物也应在耐阴种类中选择。

③应根据墙面或构筑物的高度来选择攀缘植物。

扶芳藤

a．高度在2m以上可种植：爬蔓月季、扶芳藤、铁线莲、常春藤、牵牛、茑萝、菜豆、猕猴桃等。

b．高度在5m左右可种植：葡萄、葫芦、紫藤、丝瓜、瓜篓、金银花、木香等。

c．高度在5m以上可种植：中国地锦、美国地锦、美国凌霄、山葡萄等。

④应尽量采用地栽形式，并以种植带宽度50～100cm，土层厚50cm，根系距墙15cm，株距50～100cm为宜。容器（种植槽或盆）栽植时，高度应为60cm，宽度为50cm，株距为2m。容器底部应有排水孔。

除此之外，设计师还在不断探索新型的墙面绿化形式。例如，重庆大学周铁军等人设计的重庆天奇花园建筑，其西墙上的绿化没有采用直接在墙上攀缘植物的做法，而是距墙30cm做一片构架，让植物垂吊在构架上，这样，在构架与墙体间的空气层，可加强西墙的散热，避免了直接在墙上攀缘植物而减弱墙体自身散热的弊病。

六、学校室内绿化

　　绿色植物对建筑室内环境的影响非常大，它可以改善室内环境与气候。据测定，室内绿化可明显降低室内二氧化碳浓度，其效果与室内绿化量显著相关；对于飘尘含量降低作用明显，平均可达60%以上；室内绿化在一定程度上还可减少细菌数目；随着室内绿化时间的增长，室内工作人员的警觉性和注意力也明显提高，进而提高人的反应能力；还可显著提高人的视力水平。另外，绿色植物色彩丰富艳丽，形态优美，作为室内装饰性陈设与许多价格昂贵的艺术品相比，更富于生机与活力，不仅使人赏心悦目，消除疲劳，还能愉悦情感，影响和改变人们的心态，减少焦躁与忧虑。目前在我国城市，在普通的办公室、住宅内摆放盆花、盆景、插花已很普遍，有的还设置室内景园等。

　　室内绿化布置应根据室内空间大小、功能、日照、通风等情况合理安排，切忌贪多及堆砌植物，因为这样不仅造成室内空间拥堵，也很不利于植物的健康生长。总体来说，室内绿化应注意以下几条原则。

　　①使用方便。室内植物布置要有利于房间使用者的工作、生活、学习等活动，且不能影响室内交通。

　　②色彩调和。室内绿化布置要讲究色彩的调和与变化。色彩的调和会给人带来轻松愉快的感觉。现代科学研究证明，色彩的变化对人的精神、心理都有很大影响，因此，室内绿化一定要讲究树木、花卉色彩的变化与室内环境协调。

　　③合理组织室内空间。室内空间有大小不同，植物体形也有大小之分。如果用体形小的植物放在大空间就会使人感到空旷、疏落、单调，用体形大的植物布置小空间就会使人感到拥挤，所以要合理组织室内空间。在小

青春校园的美好生活

空间里可用小型盆栽或悬吊小型吊篮、壁挂等形式进行绿化装饰；在较大的室内空间里，可以自然地布置些体大、叶大、花艳、色浓的植物景观；在大型室内空间里可以用绿色植物将房间分隔成几个具有不同用处的空间。

④与室内气候相协调。室内绿化布置要使植物生态条件与室内微气候相适应。

花草树木原是生长在森林田野里的绿色植物，要使它们在室内正常生长就要认真研究其生态习性，使它与室内微气候相适应、相协调。

光照是绿色植物进行光合作用、制造养分的重要条件。目前我国多数建筑物的室内采光主要靠窗口自然采光。一般情况下，开花喜光的月季、梅花、菊花、蟹爪兰等多布置在窗口附近光照最强之处；常绿的观叶植物、龟背竹、花叶芋、万年青、兰花等较耐阴的植物可放在离窗口稍远的位置，而耐阴的苔藓、蕨类等观叶植物可布置在离窗口更远的低光照之处。当然，光照还与窗口的方向有关，南向的自然光最强，北向的最弱，东西向的窗口中等，但西向比东向的强。另外，天气晴朗或阴雨、一年四季的变化也各不相同，在室内绿化布置也要有相应变化。例如，夏季阳光通过窗口直射于室内时由于光线太强，则可用窗帘或百叶窗适当遮挡光照。当室内没有自然光照射时，应采用人工荧光照射，每天有12~16小时照射即可。

另外，温度、湿度、水分都对植物生长有非常大的影响。一般植物最适宜的生长温度为25℃。我国北方住户的室内，冬季往往温度达到5℃左右，选用一

晚香玉

般较抗寒的植物即可越冬；在我国南方住户进行室内绿化，则要选择一些耐热植物。一般植物要求40%～70%的相对湿度才能生长旺盛，所以室内的绿色植物要适当喷雾以达到适当湿度。由于很多细菌会在不通风的情况下迅速繁殖，使植物生病枯死，所以室内还需要适当通风。

龟背竹

在学校建筑环境的绿化建设中，正确利用绿色植被和水等自然元素确实能在改善室内气候环境、降低能耗方面起到重要作用。但是，绿化绝不是简单地种树栽花。从生态的可持续发展的角度来讲，那些大而无当的草坪、盲目的树木栽植也许恰恰不是绿色的。因为它们耗费了更多的资源，造成更多污染，而却不能真正改善环境。因此，在校园建筑的环境绿化中，应根据不同的建筑类型、不同地区的自然条件，科学、有效地进行绿化配置，真正发挥每一寸绿化用地的绿色效应，使学校真正地"绿"起来。